# LE GRAND
# CALENDRIER
## ET COMPOST
# DES BERGERS.

COMPOSÉ PAR LE BERGER DE LA GRANDE MONTAGNE,
avec le Compôt naturel reformé selon le retranchement des dix jours,
par le Pape Gregoire III. ensemble la maniere comme se doit gouverner
le Berger pour empêcher qu'aucuns Sorciers ne fassent mourir leurs
troupeaux, avec toutes choses necessaires pour se regler en leur art.

A TROYES, Chez PIERRE GARNIER Imprimeur-Libraire, rue du Temple.

Avec Permission.

# SONNET AU LECTEUR.

*LE grand Berger de la haute montagne,*
*Vray Défenseur & patron des Pecheurs,*
*Son saint Esprit donna aux pecheurs,*
*Pour publier par les Villes & Campagne.*

*Son Testament à toute race humaine,*
*Pour accomplir dont tous executeurs*
*Sont tenus être, & sur tout les prêcheurs,*
*Et vrais Bergers qui ont la laine.*

*Ainsi donna jadis à ce Berger,*
*Compositeur de ce beau Calendrier,*
*Plume & Esprit pour le mettre en lumiere.*

*Ami Lecteur nous l'avons reformé,*
*Pour les dix jours & le tout reformé,*
*Au Calendrier du bon Pape Gregoire.*

# PROLOGUE DE L'AUTEUR
## qui a mis par écrit le Calendrier
## des Bergers.

UN Berger gardant les brebis aux champs, & n'étoit nullement éclairé, n'y n'avoit aucune connoissance des Ecritures ; mais seulement par son grand sens naturel & bon entendement de Dieu, l'homme doit pourtant naturellement vivre jusqu'à LXXII. ans ou plus, & disoit en cette maniere par ces raisons. Autant de tems que l'homme est à venir en sa force, vigueur & beauté, autant en doit il mettre par raison pour envieillir, affoiblir, & tourner à neant; mais le terme de croître & venir l'homme en beauté, en grandeur, force & vigueur est l'âge de XXXVI. ans, il en doit être autant à décliner, s'il vit âge d'homme : ainsi c'est LXXII. ans qu'il doit vivre selon le cours de nature, s'il n'y arrive point d'inconvenient. Ceux qui meurent avant ce terme, souvent c'est par violence & outrage fait à leur complexion & nature ; mais il y en a qui vivent plus long tems par leur bon regime de vivre. A ce propos de vivre & de mourir, disoit ce Berger que la chose qu'il désiroit le plus au monde étoit de longuement vivre, & celle qu'il craignoit le plus étoit de tôt mourir : c'est pourquoi il mettoit son entendement & la cure de sçavoir & faire choses possible & requises pour vivre longuement, saintement & joyeusement que ce present Compost & Calendrier des Bergers enseigne, & apprend. Il disoit aussi que son désire de vivre longuement étoit en son ame, laquelle toûjours durera, c'est pourquoi il désiroit que cela fut accompli aprés sa mort, comme dit est. Puisque l'ame ne meurt point, & en elle est le désire de vivre longuement, elle seroit de son desir frustrée si aprés la mort de ce monde ne vivoit ainsi, ou il nauroit point ce qu'il a defiré : C'eft-à-fçavoir vivre longuement & demeureroit en peine fans fin, quand il n'auroit fon defir accompli, fi concluoit ce Berger chofes neceffaires pour lui & pour d'autres, c'eft à fçavoir faire ce qui appartient pour vivre aprés la mort comme devant & mieux quand on fçait, & à la vie de ce monde, & vêquit cent ans & plus ne vivroit pas longuement promptement; mais feroit longuement celui à qui la fin de cette vie mortelle feroit un commencement de vie éternelle Si on le forçoit de vivre au monde vertueufement pour aprés la mort corporelle vivre perdurablement, car comme il difoit lors on vivra fans jamais mourir, quand on aura la vie perdurable, & pour lors fera parfait & accompli le defir de longuement vivre. Ainfi le Berger connoiffoit que la vie du monde eft tôt paffée, & que fuposé qu'elle foit grande pour celui qui vivroit foixante & douze, ou plus, & fi elle eft petite en comparoifon de la vie qui durera toûjours & ne finira point, à laquelle efperoit parvenir, pour laquelle chofe vivroit tellement fobre des petits biens temporels que Dieu lui avoit donné.

*Icy finit le Berger par un Prologue contenant la divifion de fon Compoft & Calendrier.*

ON peut auffi fçavoir & connoître par les douze mois de l'an, par quatre Saifons qui y font ; c'eft à-fçavoir, le Printems, l'Efté, l'Automne & l'Hyver, que l'homme doit vivre naturellement foixante & douze ans.

Nous Bergers difons que l'âge de l'homme de foixante & douze ans eft comme un feul an, comprenant toûjours fix ans par chacun mois de l'an, car comme l'on fe change en douze manieres diverfes par ces douze mois ainfi l'homme fe change en fon âge pareillement de fix ans en fix ans jufques à douze fois, qui font juftement foixante & douze ans qu'il peut vivre par le cours de nature. Or qui le veut connoître par les quatre faifons doit fçavoir que l'âge de l'homme de foixante & douze ans eft divifé en quatre parties, lefquelles font, Jeuneffe, Force, Sageffe & Vieille, font chacune partie de dix-huit ans, qui toutes enfemble font foixante & douze ans, & fe raportent aux quatre faifons de l'an par leur convenance & fimilitude ; c'eft à fçavoir la Jeuneffe plaifante au Printems gracieux; Force valeureufe à l'Efté chaloureux ; Sageffe qui eft profitable à l'Automne plantureux; Vieilleffe débile à l'Hyver frodureux.

Ainfi foit que les douze mois de l'an, ou par que les quatre faifons apert que l'âge de l'omme, qui eft de foixante & douze ans, femblable fans omparaison à un seul comptant six ans à un mois, ou dix-huit à une les saisons de l'année, dont chacunes à trois mois, le Printems a Mars, Avril & May. L'Esté, Juin, Juillet & Aoust. L'Automne, Sepembre, Octobre & Novembre. l'Hyver, Decembre, Janvier & Février.

C'est pourquoi venons à propos de montrer comment selon les douze mois, l'homme se change en son tems douze fois, & prenons premierement six ans pour Janvier, lequel n'a chaleur, vertu ni vigueur, c'est pourquoi en lui nuls biens ne croît, la terre ne fait aucun profit de valeur, ainsi l'homme après qu'il est né, les six premiers ans est comme impotent, sans force, sans vertu ni science pour se sçavoir regir ni gouverner, ni faire chose qui profite; mais après vient Fevrier que le tems commence à s'échauffer, les jours croissent & la terre renverdit, auquel mois vers la fin & plus avant commence le Printems doux & plaisant. Ainsi l'homme dans ces autres six ans commence à devenir grand, & à se connoître, il devient doux & obéissant & plaisant pour servir, & lors il a douze ans. Lors nous venons en Mars auquel on laboure & on seme la terre, on plante des arbres, on fait des édifices; car telle chose est propre à faire en ce tems : Ainsi l'homme ayant encore six ans est disposé pour recevoir doctrine & apprendre science; en ce tems on doit apprendre sciences & vertus & édifier sa vie qu'elle soit belle & honnête & a pour lors dix huit ans.

Puis vient Avril que les terres & arbres sont vêtus de verdures & remplis de fleurs & de toutes parts les biens sortent de terre abondamment.

Ainsi l'homme les autres six ans est couvert de grande beauté, il est en la fleur de sa jeunesse, & il est en sa plus grande beauté & vigueur, comme être fort, hardi & vigoureux, si doit fleurir & prendre bon commencement, car les fleurs sont des marques du fruit avenir; & aussi se doit-il bien garder des mauvais vents & froidures, car si les fleurs perissent les fruits ne viendront point en leur maturité. Les mauvais vents & les froidures, sont les vices qui empêchent l'homme de venir à honneur, lors il a vingt-quatre ans. Quand vient le mois de Mai gracieux & plaisant, que toute la nature se réjoui; les oisillons chantent au bois jour & nuit, les arbres sont chargez de fruits & la terre aussi.

Le Soleil est fort chaud en approchant de l'Esté, ainsi est l'homme en les autres six ans, il se voit jeune, beau & vertueux & entre en chaleur, il cherche ébatement, danser sauter & chanter jour & nuit, qui souvent en oublie le boire & le manger, il entre en sa grande force à trente ans. Puis vient le mois de Juin que le Soleil est monté en sa grande chaleur, force & vertu, les jours sont au plus longs; ainsi est l'homme à trente-

fix ans en grande force, chaleur, & vertu de fon âge & plus ne peu
monter. Or quand vient Juillet, le foleil commence à décliner, le
jours diminuës & les fruits viennent à maturité ; ainfi l'homme dans le
autres fix ans , connoît être en fa force , il devient fage & temperé & pen
fe à amaffer pour fa vieilleffe , auffi commence t'il auffi un peu à décliner & a des ans quarente-deux. Aprés vient Aouft tems d'amaffer, cueilli
& ferrer à la maifon les biens de la terre, faucher & fanner, auquel moi
nous approchons l'Automne qu'on doit amaffer les biens. Ainfi l'homme eft dans les autres fix ans prudent & fage, prend diligence d'acqueri
richeffes pour vivre dans le tems qu'il ne pourra plus rien gagner, & a de
ans quarante huit. En Septembre on fait vendange, on cueille les fruit
des arbres, l'homme prudent garnit fa maifon, fait provifion des chofe
neceffaires pour vivre l'Hyver qui aproche, l'homme dans ces fix autre
années profpere en fageffe, & propofe d'employer le tems qui lui refte
vivre en bonnes œuvres, ne fait point d'excez , car il fçait bien que le
tems aproche qu'il faudra fe repofer , fans rien gagner , & pour lors il
cinquante-quatre ans.

Quand vient Octobre tous biens font prefque amaffez & font à la maifon, bleds, vins & fruits : & derechef on recommence à labourer & feme
la terre pour la prochaine année , & qui ne femeroit pas ne recueilleroi
rien. Ainfi l'homme dans ces fix ans a ce qu'il doit avoir, & il fauts'y con
tenter, le tems du gain & commerce eft paffé, il fert Dieu, fait penitence
& telles œuvres font des fruits qu'il recueillera aprés fon trépas, il a pour
lors foixante ans. Enfuite vient Novembre que les jours font petits, & le
foleil peu de chaleur, les arbres font dépouillez de leurs fueilles , la terre
de fa verdure ; ainfi l'homme dans ces fix ans connoît qu'il eft vieux ;
il a perdu fa chaleur, il eft dépouillé de fa beauté , de fa force , de fa vigueur ; les dents lui tombent, fa vûë eft foible ; toutes ces chofes lui font
connoître qu'il eft fur le declin de fes jours , & l'hôme a pour lors foixante & fix ans. Puis vient Decembre plein de froidures, de neiges, vents,
on tremble de froidure & on ne peut labourer, le foleil eft le plus bas qu'il
peut defcendre, les campagnes font couvertes de bruines blanches, il n'y
a de chaleur qu'auprés des tifons du feu ; il dépenfe les biens qu'il a amaffez en l'Automne : dans ces fix années qui font le nombre de foixante &
douze , l'homme eft afroidi & tremblant , il a les cheveux chenus &
blancs, il ne peut fe chauffer ; c'eft pourquoi il cherche le feu ou le foleil
il fe couche de bon heure & fe leve tard ; enfin il connoît que le tems
de fon âge eft paffé s'il vit plus long tems toûjours deviendra foible &
decrepité, & cette prolongation de vie ne peut venir que du regime de

vivre qu'il aura tenu en sa jeunesse : Parquoi je dis moi Berger parlant de
longuement vivre & mourir que les corps celestes y peuvent faire avancement avec le gouvernement bon ou mauvais des hommes. Sur lesquelles inclinations est le vouloir de Dieu, allongeant la vie & la dimi-
nuant lorsqu'il lui plaît. C'est pourquoi en notre Compôt & Calendrier
sera montré comment nous avons connoissance d'iceux corps celestes, de
leurs mouvemens & vertus. Ce Livre est nommé Compôt, car il com-
prend tout le contenu du Compôt, les jours, heures & minutes des nouvelles Lunes, Eclipses de Soleil & de Lune, & au signe laquelle la Lune est
chaque jour que le Compôt n'enseigne pas, & est dit des Bergers, car il
est extrait quant à la plûpart de nos Calendriers des Bergers, est facile à
comprendre pour gens non éclairez, & si contient une doctrine que les
Bergers & autres gens doivent sçavoir, ensemble plusieurs enseignemens
ajoûtez par celui qui l'a mis en lumiere comme il est, lequel Compôt &
Calendrier est divisé en cinq parties. La premiere est notre science de
Compôt & Calendrier. La seconde est l'arbre des vices, ensemble la
communication des peines pour ceux qui les auront commis. La troisie-
me est la voye salutaire des hommes, l'arbre des vertus pour parvenir à
la sagesse. Le quatriême est phisique & le regime de santé de nos Bergers.
Et la cinquiême notre Astrologie & Phisionomie pour connoître plusieurs fallaces & cautelles du monde, ceux qui par nature y sont enclins.
Lesquelles parties declarez comme les entendons sera la fin de ce present
Compost & Calendrier.

*Ceux qui sçavent le Compost pratiquent la Lettre Dominicale*
*par les Vers cy-dessous.*

Prius esto Dei cœlum accipere ,
Fructus alit eanos eigelica bellico danos,
Ei genitrix bona dat finis amara cadat.

*Ou par ces autres Vers.* Dat flores anni calor ejus gaudia busti ,
Cambit edens griffo boabel dicens fluet augur.

*Pour trouver le Nombre d'Or & la Nouvelle Lune.*

CEux qui viennent du Compôt & Calendrier sur la main ont deux
Versets de l'ancien Compôt, lesquels nous mettons icy avec leurs
valeurs à l'endroit de chacune syllabe & exceptions par chacun mois.

*Ter. nus. un. din. de. to. sex. de. quin. que. trod. ambe. de. eim. doc.*
5.      11.     19.     8.     16.     3.     13.     2     10.     16.
*Sep , tem , quind , quar , tur , dad , io , ta , no , nom , deps , sex , tus , quad.*
7.     15.     4.     12.     1.     9.     11.     9.     14.
Ces deux Vers contiennent aux Syllabes, dont y en a 16 qui sont en va-

leur, les autres ne veulent rien, sinon pour montrer l'intervalle qui se me
au Calendrier entre les nombes. La premier syllabe *ter*, se met au premie
jour de Janvier, *nus*, seconde syllabe sur le second jour , & ainsi conse-
cutivement jusqu'à la fin du Calendrier. Mais il y a six exceptions, comme nous avons déja dit pour les mois pers , qui n'ont que vingt-neu
jours de lune , Fevrier n'a point de *din*, en Avril faux laisser dix Juin
& Août semblablement en Octobre *de*, & en Décembre *to*, ou bien i
faut prononcer ces syllabes avec leur précente tout en un mot. A la fir
de Juillet faut dire un *nod din*, non pas un *din nod*. Ceux qui viennen
de ce Compost & Calendrier , soit sur la main ou autrement où le nom
bre d'Or est ainsi dressé ; sçavoit ou le nombre de trois est au premier jour de Janvier, ils reculent ou retrograde toûjours de cinq jours,
aprés ce nombre d'Or , comme elle étoit ancienne , cecy est arrivé
pour avoir trop donné de minutes au cours de la Lune, le pareil es
arrivé à l'année Solaire. Cela a fait recevoir l'an au Calendrier , & non
pas au Ciel des Solstices & Equinoxes , & le nombre d'Or ou Cycle Lu
naire. On a mis en quelque Calendrier dix-neuf à l'endroit du premie
jour de Janvier, faisant reculer trois de cinq jours, & & en cette maniere,
la Lune étoit nouvelle le jour, vis-à-vis duquel le nombre d'Or , mai
aujourd'hui à raison du retranchement des dix jours & reformation de
Calendrier, ce nombre d'Or est inutil, sinon pour trouver l'Epacte : com
me il sera dit ci-aprés, d'aventure nous ne lui voulons faire faire un fau
au lieu de compter onze en mil six cens six nous comptions deux. Et er
ce faisant ainsi pour l'avenir, nous trouverrions la Lune nouvelle er
reculant de cinq jours , à compter du nombre d'Or ou au premier jou
de Janvier , il y a trois mois de peur de brouiller : je suis plutôt d'avi
de suivre la reformation du Calendrier qu'autrement, tant sur la main
que sur le Livre ; car il sera encore plus facile d'appliquer sur l'Epact
reformée , que le nombre d'Or, comme nous montrerons ci-aprés
mais devant que de le faire nous mettons ici un extrait du present Ca
lendrier à ce propos.

*Noble extrait du Calendrier Gregorien perpetuel.*

L'Eglise Romaine a usé jusqu'à present du Cycle de dix-neuf année
u nombre d'Or distribué pour les jours du Calendrier , tant pou
chercher les conjonctions du Soleil & de la Lune , que pour trouve
principalement le jour de la Fête de Pâques & des autres Fêtes n obües
Car les anciens pensoient que l'espace de dix années Solaires étant passées
le

les Lunes revenoient exactement au même jour, & l'heure même au même endroit, quelque peu de tems avant que l'espace de seize ans Solaires foient précisement accompli. Dont il eſt arrivé que les nouvelles Lunes font maintenant éloignées du nombre de plus de quatre jours dans le vieux Calendrier Romain, & par ce moyen la Fête de Pâques eſt bien fouvent célébrée aprés le vingt-uniéme jour de fa Lune contre l'ordonnance & inſtitution de nous majeurs. A raiſon dequoy le Cycle du nombre d'Or a été trouvé maintenant du tout inutile pour monter les nouvelles Lunes & Fêtes mobiles, & fera dorénavant inutile de plus en plus à cet éfet : tant à raiſon des dix jours qui ont été retranchez, que pour les Biſſextes qu'il faut laiſſer de quatre ans en quatre ans. On a donc mis & ſubſtitué dans le Calendrier en place du nombre d'Or un Cycle des Epactes, compoſé de trente nombres Epactant, laquelle té n'eſt antre choſe qu'un Cycle de feize années du nombre d'Or, de maniére qu'il fert tout autant que feroit le nombre d'Or. Nous uferons donc dorénavant du nombre d'Or, non pas pour chercher les nouvelles Lunes & les Fêtes mobiles, mais pour trouver l'Epact. une Table qui fuit extraite du Calendrier.

*Table des Epactes raportées au Nombre d'Or depuis le 15. Octobre l'An de la correction 1582. aprés en avoir ôté jufqu'à l'An & au tems où nous fommes.*

| 6. | 7. | 8. | 9. | 10. | 11. | 12. | 13. | 14. | 15. | Nombre d'Or. |
|----|----|----|----|-----|-----|-----|-----|-----|-----|--------------|
| XXVI. | VI. | XVIII. | XXIX. | X. | XXI. | II. | XIII. | XXIV. | V. | |

| 9. | 17. | 18. | 19. | 1. | 2. | 3. | 4. | 5. | Epacte. |
|----|-----|-----|-----|----|----|----|----|----|---------|
| XVI. | XXVII. | VIII. | XIX. | I. | XXIII. | IV. | XV. | | |

*Pratiques ingenieuſes du Compôt des Bergers.*

UN fubtil moyen & invention ont trouvé les Bergers : Sçavoir le nombre d'Or, la Lettre Dominicale & Tabulaire. Laquelle pratique pour la fubtilité eſt difficile, ſi premiérement il n'étoit montré de ceux qui l'entendent : mais à cela ne convient s'arrêter ni travailler pour cauſe de ces figures qui enfeignent tout & montrent ladite pratique.

B

# LE
# CALENDRIER
## SUR LA MAIN.

*Pour sçavoir les Fêtes, & en quels jours elles sont.*

QUi veut sçavoir le Calendrier
Sur la main comme le Berger,
Quand & quel jour il sera Fête,
Ce qui s'ensuit mettre en sa tête,
Avant toute œuvre sans songer,
A, B, C, D, E, F, G,
Les jours de l'an tous par sept,
Lettres sont connues chacun sçait,
Une est pour le Dimanche toûjours,
Six autres sont pour les six jours,
Et aux jointures doivent être
Assise à la main sénestre,
Des quatre doigts, c'est tout à point
Le pouce compris n'y est point,
Toucher on le doit de la main
Dextre pour être plus certain,
A, B, C, sont hors main G, sus
D, E, F, dedans sont inclus,
Aprés tantôt convient sçavoir
Quel lieu chacun mois doit avoir,

Au petit second dam de G, B,
E, G, C, sont au moyen doigt
E, A, met au médecin,
D, F, au petit prenant fin,
Janvier est à sus du petit
Doigt assis à son appétit,
Février & Mars sont ce me semble
Seur du second doigt ensemble,
Avril sur G, sur le B, May,
Qui tout est joyeux & gay,
Juin est sur E, du doigt du milieu,
Juillet sur G, c'est son droit lieu,
Et Août sur C, puis aprés vient
Septembre que loger convient
Sur F, du quatriéme doigt
Octobre sur A, c'est pour soi,
Aprés il faut mettre Novembre
Sur D, & sur F, Décembre,
Du petit doigt pour abréger,
Douze Mois faut ainsi loger.

*Dans ces Lignes cy-deſſous ſont autant de Syllabes comme ſont de jours
aux Mois, pourquoy elles ſervent.　On les doit aſſeoir ſur autant de
jointures de la main ſeneſtre, chaque Sillabe ſur une jointure pour
trouver les Fêtes.*

### Janvier.

En Jan vier, que les Rois, venus ſont
Glaut, me, dit, fre, min, mort, ſont,
An, thoi ne, ſub ag vin, cent, boit,
Pol doit plus, qu'on, ne, lui, doit.

### Février.

Au, chan de lier, Blai ſe, à, gar vient,
A Pa ris, il, m'en, ſou vient,
En, Ju lian, de, poiſ ſi,
Pier re, mat thias, auſ ſi.

### Mars.

Au bin, dit, que, Mars, eſt fril leux,
O eſt, mon, fait, Gre goire, fril leux,
Qu'en, fe rons-nous? Be noît, a, dit,
Ma rie, point, ne, ré pon dit.

### Avril.

Am broi ſe, Guil lau me, &, beu voit,
Du, meil leur, vin, qu'il, a voit,
Quand, vint, qui, tout, a che ta,
Geor ge, Mar chand, &, le, paya.

### May.

Jac que, croix, dit, que, Jan, eſt, May,
Ni co las, dit, qu'il, eſt, vray,
Sa ges, &, ſots, ho no ré, ſont,
Quand, Ur bain, &, Ger main, ſont.

### Juin.

En, Juin, on a bien, ſou vent, le ront,
Grand, ſoit, ou, Barnabé, ment,
Et, ce, tems, vin drent, de mir, cre-
D'où, vient, Eloy, ſon, fils, Pier re.

### Juillet.

En, Juil let, Mar tin, ſe, com bat,
Et, du, be noî tier, ſaint, Vaſt, bat,
Là, ſur vint, mar, é vet, mag da len,
Jean ne, mar, &, Ger main.

### Aoûst.

Pier re, Etien ne, Do mi niq; jet toit,
A prés, Lau rent, qui, gril loit,
Ma rie, print, cri er, &, brai re:
Bar the le mi, fit, Jan, tai re.

### Septembre.

Gil les, Rei ne, à, ce, que, je, vois,
Ma rie, toi, ſi, tu, me, crois,
Et, prie, des, nô ces, Mat thieu,
Son, fils, fre min, Cô me, Mi cheu.

### Octobre.

Re mi, ſont, Fran çois, en vi gueur,
De nis, n'en, eſt, pas, bien, aſſeur,
Car, Luc, eſt, pri ſon nier, à ban,
Creſ pin, &, Si mon, à, can.

### Novembre.　(reux,

Saints, morts, ſont, gens, bien heu-
Com, dit, Ed mon, mar, bri cieux,
Lors, ai gnent, vint, de, mil, l'ans,
Cle ment, Ca the ri ne, ſaint, An-

### Decembre.

E loy, fait, Bar be, au, lard,
Ma rie, a, dit, que, Lu ce, art,
Dont, en, gran je, Tho mas, men rit,
De, Noé, Ja no, Sil veſ tre, s'en fuit.

Glisser car en toutes saisons,
Entre Pâques & les Rois sont
Cinq semaines tu trouveras,
Jeudy d'aprés colloqueras,
Sans plus longue expectation,
De Jesus Christ l'Ascension,
De Pâques avons sept semaines,
Jusqu'à la Pentecôte pleines.

Huit jours aprés tu compteras,
Et la Trinité trouveras,
Et le jeudy conséquemment,
La Fête du saint Sacrement,
Les autres Fêtes sont signées,
Au Calendrier & désignées
Sous certaines lettres pour voir,
Et pour facilement le sçavoir.

*Les Jeûnes commandez par l'Eglise aux Chrétiens.*

TU dois jeûner les Quatre-tems,
Retiens les comme je l'entens,
Le premier est aprés les Brandons,
Que doit jeûner comme les bons,
Le second aprés la Pentecôte,
A bon cœur cela rien ne coûte,
Le tiers est bien je m'en remembre,
Aprés sainte Croix de Septembre,
Le quart aprés la sainte Luce,
Nul jour qu'une fois ne mangeusse,
Le Carême jeuner te faut,
Si maladie ton corps n'assaut,
Vigiles de Noel & saint Laurent
Saint Jean Batiste de Jesus parent,
L'Assomption de Nôtre-Dame,
Qui ne la sert il est infame,
Saint Pierre, s. Paul, s. Matthieu,
Saint Simon, s. Jude, Toussaints,
Jeûner, rend ames & corps saints,
De telles Fêtes immobiles,
Me faudroit jeûner les Vigiles,
Pareillement de Pentecôte,

Jeûneras Vigiles sans doute,
Saint Matthias sera la fin,
Des jeûnes commandez afin
Que Lyon en son Diocése,
N'en jeûne dix-sept pour seize,
Jeûne ceux-cy & bien y avise,
Car ainsi le veut la sainte Eglise,
Si aucune venoit au Lundy,
Tu dois jeûner le Samedi,
L'homme de jeûner n'a excuse,
Si grande maladie ne l'excuse,
La femme de grand mal atteinte,
Est excusée ou d'être enceinte,
L'homme ou femme par trop âgée
Ne seroit pas sage de jeûner,
Jeûner doivent sans mal enfans,
Au Compôt sont régles communes
Qui enseignent tous les jeûnes
Je te prie pas ne les oublie,
Prend en gré au vrai Dieu supplie
Qu'à celui qui a fait ses dits,
Donne la gloire du Paradis.

*Pour sçavoir le nombre des jours de chaque Mois.*

Avril, Juin, & aussi Septembre,
Ont xxx. jours, aussi Novembre,
Les autres ont chacun plus un jour,
Février si à moins le Bissexte n'a tout.

## ETIMOLOGIE DES MOIS.

Janvier vient de Janus, Dieu d'entre les Païens
Au double front dépeint les Anciens,
Ont voulu dénoter toute sage personne,
Du futur & passé qu'il ait mémoire bonne.
Des fleurs vient Février ou des lustrations,
Février en ce mois faites de Nations,
Qui ne connoissent Dieu à lui soit louange,
Ne veut de côpagnon, quitons tout Dieu étrange
Mars prend son nom de Mars le Sgr. du Belier
Où Sol entre en ce mois, Mars est le Dieu guerier
Des Payens & son Astre encore enfler la guerre
Et force à guerroyer, tant par mer que par terre
Avril est dit d'ouvrir: car lors vient à s'ouvrir
La terre pour germer ce qu'avoit fait mourir,
Le froid Hyver & lors Venus dites Aphrodie,
Et son Taureau nous fait toutes herbes éverdie,
May est dit de May à une qui du Seigneur,
Des Gémeaux sur la mer, ou de ce mot Majeur,
Car entre le Romains Majeurs la Republique;
Gouvernoiêt & leur loi rôpre étoit chose inique
Juin vient de junieurs, qui à la guerre alloient,
Pendant que les Majeurs en Rome gouvernoient
Des Majeurs sont les loix, qu'elles soient gardée
Les jeunes belliqueux par toutes les contrées.

Juillet, vient de Jules Cesar qui en ce mois,
Fut né, & trio noha en bellique Artois,
De la Reine d'Egypte en la guerre Navalle,
Et le premier le fit couronné Imperiale.
Aout est dit de Cesar Auguste Empereur,
Qui en ce mois fut né, fut aussi triompheur,
Auparavant ce mois étoit nommé Sextile,
Etant fixement à Mars comme à Juillet Quintile.
Septembre est dit desert & d'imbert mot latin
Il est Septiéme à Mars nous donne aussi du vin
Et des pluyes de saison pour la te reseiche,
A ce faire humecter, pour être resemée.
Octobre est dit d'Octo, d'imber pareillement,
Il est du huitiéme à Mars qui fut premierement
Commencement de l'an & donne aussi des pluïe
Pour les sources des eaux que l'hyver a taries,
Novembre est dit de neuf, est dit neuvain,
Est dit pluvieux, le signe du Belier,
Domicile de Mars, le Zodiac commence,
Le Sagittaire ici devient à la cadence.
Décembre est dit de dix, est aussi dix auner,
Comme Mars halitreux souloit être premier,
Encore dit l'Astrologue aujourd'hui que l'année
En Mars & au Belier nous est renouvellée.

## POUR TROUVER LES FESTES MOBILES.

A Toi qui Latin ne connois,
Je te veux donner en François
Plusieurs enseignemens notables,
Pour sçavoir les Fêtes mobiles,
Que selon le cours de la Lune,
T'avient tous les ans chacune,
D'avantage t'enseignerai,
Tout au plus bref que je pourrai,
Le tems des Nôces & des Jeûnes,
Et comme connoîtras chacunes,
Et quand tu t'en voudras aider,
Chaque mois cherche au Calendrier
Prime-lune ou nombre doré,
Sur tous les autres honoré,

Lequel jusques-à dix-neuf monte,
Puis à un retourne ton compte,
La lettre du Dimanche vûe,
Et la Septuagesime sçûe,
Sçauras par les Vers ensuivant,
Fêtes mobiles tous les ans
Sçavoir donc peut par cette rime,
Que celle de Septuagesime,
A devant les Brandons tous pleins,
Trois Dimanches ni plus ni moins,
Puis du Dimanche ni plus ni moins,
Six semaines t'abandonnons,
Jusques au Dimanche de Pâques,
Et gardes que le tems ne passe.

*Nombre d'Or*, ij. iij. iv. v. vj. vij. viij. ix. x. xj. xij. xiij. xiv. xv. xvj. xvij. xviij.

| | |
|---|---|
| Aries. | y n c v l f h z p e u m a s i & q f |
| Aries. | z o d u m a s i & q f x n b t k r g |
| Aries. | & p e x n b t k r g y o e u l a f h |
| Taurus. | z f y o e v l a f f h z p d u m b s i |
| Taurus. | a r g z p d u m b s i & q e x n c t k |
| Gemini. | b f n & q e x n c t k r f y o d u l |
| Gemini. | c s i e r f y o d u l a f g z p e u m |
| Cancer. | d t k a s g z p e u m b s h & q f x n |
| Cancer. | e u l b s h & q f x n c t i d r g y o |
| Leo. | f u m e r i r g y o d v k a f h z p |
| Leo. | g x u d v k a f h z p e u l b s i & q |
| Leo. | h y o e u l b i & q u f x m e t k r |
| Virgo. | i z p f x m c t k t g y n d u l a s |
| Virgo. | k & q g y n d u l a f h z o n m b t |
| Libra. | l r h z o e u m b s & p f x n c u |
| Libra. | m a f i & p f x n e t k q g y o d v |
| Scorpion. | n b s k q g y o q v l a r h z p e x |
| Scorpion. | o c t l a r h z p e u m b f i & q f y |
| Sagittarius. | p d u m b f i & q f u n c s k r g z |
| Sagittarius. | q e v n c s k r g y o p t l a f h & |
| Sagittarius. | r f v o q t f a f h z p e n m b s i ꝯ |
| Capricornus. | f g y p e u m b s i & q f u n c t k |
| Capricornus. | s h z q f u n c r k r g x o q u l a |
| Aquarius. | t i & g t x o q v l a f h y p e u m b |
| Aquarius. | u k l h p e u v m s i z q f x n c |
| Pisces. | v l a s i z q f x n c r & r g y o d |
| Pisces. | x m b t & r g y o q u l f h p e |
| Pisces. | y n c u l f h z p e z p e m a s i & q f |

CEtte figure cy deffus bien entendue, eft fort profitable & utile ; car par icelle on connoît les jours pour faire faignée ou flec bothomie fur les corps humains, quand pour éviter maladie ou recevoir guérifon, la faignée eft fort requife ; on peut connoître en quel figne la Lune eft chacun jour, & eft déclaration des lettres d'un A. B. C. qui font au Calendrier vers la fin des lignes, & font nommées proprement lettres des fignes, parquoi foit premierement notés la lettre du Calendrier fur le jour qu'on veut fçavoir : Aprés foit trouvée, icelle A des fignes en la figure cy-deffus en la ligne afcendant deffous le nombre d'Or, qui court l'année. Puis on doit regarder en tête des lignes où font écrits les noms des fignes. Et celui qui regarde du travers de la figure droitement ladite lettre, c'eft celui auquel la Lune eft ledit jour.

Et comme un Nombre d'Or fert pour un an, ainfi fert la ligne feule deffus celui nombre pour le même an ; comme l'an de ce Calendrier, nous avons onze pour Nombre d'Or, la ligne pour douze fervira pour l'an de douze de Nombre d'Or ; & ainfi pareillement des autres ils ajoûtent toûjours dix.

C'eft-à dire, que les douze fignes dominant le corps de l'homme divifé par douze parties, ainfi comme eft par iceux fignes, le Firmament divifé, & chacun figne regarde & gouverne la partie du corps, ainfi qu'il eft dit cy-deffus, & après fera démontré par figure & déclaré plus amplement.

Comme Aries gouverne le chef & la face, Taurus gouverne le col & la gorge, Gemini gouverne les bras & les mains, le Cancer regarde & gouverne la poitrine, & Leo l'eftomach & les reins, Virgo gouverne les entrailles & le petit ventre, Libra gouverne les deux hanches & les feffes, le Scorpion gouverne les parties vergogneufes, Sagitarius, les cuiffes, & le Capricorne les deux genoux, Aquarius les jambes, & Pifces la plante des pieds : Auffi faut entendre que Saturne eft de couleur noire, Jupiter retient la verte, Mars la rouge, le Soleil la jaune, Venus la blanche, Mercure & la Lune font divers ; c'eft-à-dire, participans de toutes couleurs, durant le regne defquels l'enfant qui vient à naître fous leur domination tient de la couleur.

*Cy aprés s'enfuit le Calendrier des Fêtes de l'Année, les principales defquelles font imprimées en Lettres italiques, avec la déclinaifon du Soleil pour les années reformées, felon le retranchement des dix jours.*

# JANVIER

Je m'apelle Janvier,
Le plus froid de toute l'année,
Aussi ne puis-je bien vanter,
Que ma saison fut approuvée.

La Foi de Dieu y fut nommée ;
Car en mon tems fut circoncis
Jesus-Christ, & si fut montré,
Aux trois Rois l'Etoile de prix.

Epaulé

| Epacte. | Nombre d'Or. | Jours. | | JANVIER | Deg. 1. An. minut. | 2. An. minut. | 3. An. minut. | 4. An. minut. | Signes. |
|---|---|---|---|---|---|---|---|---|---|
| T | 3 | 1 | A | *Les Rois* | 34 | 41 | 45 | 49 | f |
| XXIX. | | 2 | b | octave s. Etienne | 12 | 18 | 22 | 26 | g |
| XXVIII. | 1 | 3 | c | ste Geneviéve | 49 | 55 | 56 | 4 | h |
| XXVII. | | 4 | d | oct. des Innocens | 26 | 32 | 36 | 49 | i |
| XXVI. | 19 | 5 | e | saint Simeon | 2 | 8 | 13 | 18 | k |
| XXV. | 8 | 6 | f | *La Circoncision.* | 59 | 44 | 50 | 54 | l |
| XXIV. | | 6 | g | saint Fraubert | 15 | 21 | 27 | 31 | m |
| XXIII. | 16 | 8 | A | saint Rigobert | g1 | 57 | 57 | 58 | n |
| XXII. | 5 | 9 | b | saint Josse | 28 | 33 | 40 | 44 | o |
| XXI. | | 10 | c | saint Guillaume | 4 | 10 | 50 | 20 | p |
| XX. | 13 | 11 | d | saint Eugene, P. | 41 | 47 | 54 | 35 | q |
| XIX. | 2 | 12 | e | saint Satyre | 18 | 21 | 30 | 1 | r |
| XVIII. | | 13 | f | saint Hilaire | 54 | 59 | 6 | 48 | ſ |
| XVII. | 10 | 14 | g | saint Felix | 31 | 35 | 44 | 24 | s |
| XVI. | | 15 | A | saint Maur, Abbé | 7 | 12 | 19 | 0 | t |
| XV. | 18 | 16 | b | saint Marcel | 44 | 48 | 56 | 38 | u |
| XIV. | 7 | 17 | c | saint Antoine | 2 | 24 | 30 | 12 | v |
| XIII. | | 18 | d | saint Prisce | 56 | 0 | 6 | 48 | x |
| XII. | 15 | 19 | e | saint Parre | 32 | 36 | 42 | 24 | y |
| XI. | 4 | 20 | f | *S. Sebastien* | 9 | 22 | 19 | 1 | z |
| X. | | 21 | g | *Sol en Aquarius* | 25 | 12 | 6 | 23 | & |
| IX. | 12 | 22 | A | saint Vincent | 39 | 36 | 28 | 47 | ? |
| VIII. | 1 | 23 | b | ste. Emerantiane | 3 | 0 | 52 | 10 | A |
| VII. | | 24 | c | *S. Savinien* | 27 | 23 | 16 | 34 | b |
| VI. | 9 | 25 | d | La Conv. s. Paul | 51 | 46 | 40 | 58 | c |
| V. | | 26 | e | saint Policarpe | 15 | 9 | 4 | 21 | d |
| IV. | 7 | 27 | f | saint Potentian | 38 | 31 | 27 | 43 | e |
| III. | 6 | 28 | g | s. Charlemagne | 1 | 56 | 51 | 8 | f |
| II. | | 29 | A | saint Franç. de S. | 25 | 29 | 14 | 33 | g |
| I. | 4 | 30 | b | ste. Martine, V. | 4 | 43 | 80 | 55 | h |
| | 3 | 31 | c | s. Pierre de Nol. | 4 | 6 | 0 | 18 | |

*De l'état de l'homme humain.*

Les six premiers ans que l'homme vit au monde,
Nous comparons à Janvier promptement,
Car en ce mois vertu ni force n'abonde,
Non plus que quand six ans a un enfant.

# FEVRIER.

Fevrier le tres-hardi je suis,
Auquel mois la Vierge royalle,
Alloit au Temple des Juifs,
D'un amour très-speciale.

Là Jesus-Christ lumiere très-loyale,
Elle presente és bras de Simeon;
Prions la Majesté royalle,
Qu'elle garde de France le nom.

| Epacte. | Nombre d'Or. | Jours. | *FEVRIER.* | Deg. | 1. An. minut. | 2. An. minut. | 3. An. minut. | 4. An. minut. | Signes. |
|---|---|---|---|---|---|---|---|---|---|
| XXIX. | | 1 | d | saint Ignace | 17 | 1 | 2 | 15 | 20 | A |
| XXVIII. | 18 | 2 | e | *Purification N. D.* | 16 | 48 | 51 | 8 | 12 | b |
| XXVII. | | 3 | f | saint Blaise év. | 16 | 30 | 36 | 40 | 4 | c |
| XXVI. | 19 | 4 | g | saint Ambroise | 16 | 13 | 19 | 22 | 28 | d |
| XXV. | 8 | 5 | A | sainte Agathe | 15 | 35 | 15 | 16 | 16 | e |
| XXIV. | | 6 | b | saint Amand | 15 | 57 | 40 | 40 | 5 | f |
| XXIII. | 5 | 7 | c | saint Richard, m. | 15 | 19 | 22 | 28 | 32 | g |
| XXII. | | 8 | d | saint Salomon | 15 | 1 | 3 | 9 | 13 | h |
| XXI. | 15 | 9 | e | sainte Apoline | 14 | 42 | 44 | 48 | 53 | i |
| XX. | 2 | 10 | f | sainte Scolastique | 14 | 21 | 24 | 29 | 34 | k |
| XIX. | | 11 | g | saint Didier | 14 | 10 | 6 | 10 | 16 | l |
| XVIII. | 10 | 12 | A | sainte Eularie, v. | 13 | 49 | 46 | 50 | 55 | m |
| XVII. | | 13 | b | saint Lucian, ev. | 13 | 20 | 26 | 30 | 18 | n |
| XVI. | 18 | 14 | c | saint Valentin, m. | 13 | 0 | 6 | 10 | 15 | o |
| XV. | 7 | 15 | d | saint Faustin | 12 | 26 | 26 | 50 | 55 | p |
| XIV. | | 16 | e | sainte Juliane, v. | 12 | 18 | 46 | 2 | 34 | q |
| XIII. | 5 | 17 | f | saint Silvin, cv. | 11 | 58 | 5 | 9 | 12 | r |
| XII. | 4 | 18 | g | saint Simeon, év. | 11 | 37 | 44 | 18 | 52 | f |
| XI. | | 19 | A | ste. Constance, v. | 11 | 16 | 24 | 17 | 32 | s |
| X. | 12 | 20 | b | *Sol en Pisces.* | 10 | 54 | 0 | 5 | 11 | t |
| IX. | 1 | 21 | c | saint Gal, Prêtre | 10 | 31 | 39 | 44 | 47 | u |
| VIII. | | 22 | d | La. Ch. s. Pierre | 10 | 19 | 17 | 22 | 27 | v |
| VII. | 9 | 23 | e | saint Policarpe | 9 | 47 | 55 | 2 | 10 | x |
| VI. | | 24 | f | *Saint Matthias.* | 9 | 26 | 33 | 18 | 41 | y |
| V. | 17 | 25 | g | saint Victor, conf. | 9 | 4 | 11 | 61 | 19 | z |
| IV. | 6 | 26 | A | saint Julian, m. | 8 | 41 | 49 | 34 | 57 | & |
| III. | | 27 | b | Transf. s. Aug. | 8 | 19 | 27 | 12 | 25 | 9 |
| II. | 4 | 28 | ● | saint Patere | 7 | 27 | 25 | 13 | 8 | A |
| I. | | | | | 7 | 0 | 0 | 0 | 0 | b |
| T | 3 | | | | 0 | | | | | c |
| | | | | | | | | | | d |



Les six ans aprés ressemble Février,
Enfin duquel commence le Printems,
Car l'esprit est prêt à enseigner,
Et doux devient l'enfant quand il a douze ans.

# MARS.

Je suis noble Mars fleurissant,
Très-gentil & très-vertueux,
En moi vient bien fructifiant;
Car je ne suis leger & plantureux.

Et Carême gracieux,
Est mon regne, je vous le dis.
Qui suis en mon tems vigoureux,
Pour avancer tous mes amis.

| Epacte. | Nombre d'Or. | Jours. | MARS. | | Deg. | 1. An. minut. | 2. An. minut. | 3. An. minut. | 4. An. minut. | Signes. |
|---|---|---|---|---|---|---|---|---|---|---|
| | T | | | | | | | | | |
| XXIX. | 3 | 1 | d | saint Aubin | 23 | 7 | 10 | 10 | 15 | A |
| XXVIII. | | 2 | e | saint Simplice | 23 | 2 | 50 | 5 | 10 | b |
| XXVII. | 11 | 3 | f | ste. Gunegonde | 22 | 59 | 58 | 2 | 52 | c |
| XXVI. | | 4 | g | saint Casimir | 22 | 50 | 52 | 54 | 49 | d |
| XXV. | 19 | 5 | A | saint Phocas | 22 | 4 | 25 | 49 | 42 | e |
| XXIV. | 8 | 6 | b | saint Victor | 22 | 37 | 28 | 45 | 25 | f |
| XXIII. | | 7 | c | s. Thomas d'Aq. | 22 | 10 | 50 | 35 | 37 | g |
| XXII. | 16 | 8 | d | sainte Perpetue | 22 | 22 | 22 | 27 | 17 | h |
| XXI. | 5 | 9 | e | sainte Françoise | 22 | 14 | 4 | 18 | 11 | i |
| XX. | | 10 | f | Les 40. Martyrs | 22 | 4 | 9 | 9 | 2 | k |
| XIX. | 13 | 11 | g | saint Firmin, Ab. | 21 | 52 | 54 | 17 | 58 | l |
| XVIII. | 2 | 12 | A | saint Gregoire | 21 | 42 | 45 | 47 | 46 | m |
| XVII. | | 13 | b | saint Donat | 21 | 30 | 35 | 27 | 9 | n |
| XVI. | 10 | 14 | c | sainte Mathilde | 21 | 22 | 25 | 28 | 0 | o |
| XV. | | 15 | d | saint Patrice | 21 | 10 | 34 | 18 | 9 | p |
| XIV. | 18 | 16 | e | saint Cyriac | 21 | 0 | 2 | 6 | 7 | q |
| XIII. | 7 | 17 | f | sainte Gertrude | 20 | 47 | 50 | 55 | 0 | r |
| XII. | | 18 | g | saint Cyrille, év. | 20 | 35 | 38 | 43 | 43 | ſ |
| XI. | 5 | 19 | A | saint Joseph | 20 | 22 | 26 | 31 | 34 | s |
| X. | 4 | 20 | b | *Sol en Aries. Prin.* | 20 | 11 | 13 | 19 | 15 | t |
| IX. | | 21 | c | saint Benoît | 20 | 19 | 56 | 5 | 6 | u |
| VIII. | 12 | 22 | d | saint Alexandre | 20 | 42 | 47 | 56 | 50 | v |
| VII. | | 23 | e | saint Fidele | 19 | 28 | 33 | 17 | 19 | x |
| VI. | 9 | 24 | f | saint Gabriel | 19 | 13 | 18 | 24 | 26 | y |
| V. | | 25 | g | *Annonc. N. Dame.* | 19 | 0 | 3 | 10 | 52 | z |
| IV. | 17 | 26 | A | saint Castule | 19 | 25 | 42 | 56 | 58 | & |
| III. | 6 | 27 | b | saint Rupert | 18 | 28 | 34 | 37 | 43 | ꝰ |
| II. | | 28 | c | saint Gontran | 18 | 12 | 18 | 22 | 27 | A |
| L. | 4 | 29 | d | saint Jonas | 17 | 57 | 59 | 28 | 18 | b |
| | | 30 | e | saint Rieule | 17 | 40 | 40 | 52 | 26 | c |
| | 3 | 31 | f | saint Benjamin | 17 | 28 | 28 | 36 | 36 | d |

### De l'état de l'homme humain.

Mars dénote les six ans ensuivant,
Que le tems change en produisant verdure,
En cet âge s'adonnent les enfans,
A maints ébats, sans souci & sans cure.

# AVRIL.

Je suis Avril le plus joli  
De tous en honneur & vaillance ;  
Car nous fûmes tous affranchis,  
En mon tems par un coup de lance.

Par la digne souffrance.  
De Dieu qui le monde créa ;  
On en doit avoir souvenance,  
Car en mon tems ressuscita.

Epaffe

| Epacte. | Nombre d'Or. | Jours. | AVRIL. | Deg. | 1. An. minut. | 2. An. minut. | 3. An. minut. | 4. An. minut. | Signes. |
|---|---|---|---|---|---|---|---|---|---|
| XXIX. |  | 1 | g | saint Valeri, ab. | 4 | 34 | 29 | 29 | 40 | f |
| XXVIII. | 3 | 2 | A | saint Nicier | 4 | 50 | 27 | 97 | 4 | g |
| XXVII. |  | 3 | b | saint Richard | 5 | 20 | 6 | 10 | 27 | h |
| XXVI. | 16 | 4 | c | saint Zosime | 5 | 43 | 49 | 33 | 5 | i |
| XXV. | 9 | 5 | d | saint Vincent F. | 6 | 5 | 2 | 54 | 12 | k |
| XXIV. | 16 | 6 | e | saint Xiste | 6 | 28 | 25 | 17 | 35 | l |
| XXIII. | 5 | 6 | f | saint Epiphane | 6 | 50 | 48 | 59 | 57 | m |
| XXII. |  | 8 | g | sainte Perpetuë | 7 | 12 | 10 | 2 | 20 | n |
| XXI. | 13 | 9 | A | sainte Cleophas | 7 | 36 | 32 | 25 | 42 | o |
| XX. | 2 | 10 | b | saint Guillaume | 7 | 57 | 52 | 56 | 4 | p |
| XIX. |  | 11 | c | saint Leon | 8 | 20 | 12 | 8 | 16 | q |
| XVIII. | 10 | 12 | d | saint Jules, Pape. | 8 | 41 | 34 | 32 | 49 | r |
| XVII. |  | 13 | e | saint Justin | 9 | 2 | 8 | 8 | 11 | s |
| XVI. | 31 | 14 | f | saint Tiburce | 9 | 24 | 14 | 14 | 33 | e |
| XV. | 7 | 15 | g | sainte Basilisse | 9 | 37 | 35 | 53 | 53 | t |
| XIV. |  | 16 | A | saint Paterne | 10 | 7 | 9 | 9 | 13 | u |
| XIII. | 15 | 17 | b | saint Anicet | 10 | 29 | 10 | 19 | 34 | v |
| XII. | 4 | 18 | c | saint Eleuthere | 10 | 51 | 42 | 39 | 55 | x |
| XI. |  | 19 | d | saint Timon | 11 | 12 | 2 | 0 | 16 | y |
| X. | 12 | 20 | e | *Sol en Taurus.* | 11 | 32 | 21 | 21 | 37 | z |
| IX. | 1 | 21 | f | saint Anselme | 11 | 32 | 45 | 42 | 57 | &c |
| VIII. |  | 22 | g | Saint Sotere, P. | 11 | 12 | 5 | 3 | 17 | 9 |
| VII. | 9 | 23 | A | saint George | 12 | 31 | 24 | 23 | 38 | A |
| VI. | 17. | 24 | b | saint Bon | 12 | 49 | 41 | 42 | 17 | b |
| V. | 6 | 25 | c | saint Marc, Ev. | 13 | 8 | 3 | 1 | 10 | c |
| IV. |  | 26 | d | saint Clete, Pape | 13 | 38 | 12 | 22 | 36 | d |
| III. | 14. | 27 | e | saint Anastasie, P. | 13 | 48 | 4 | 46 | 59 | e |
| II. | 3 | 28 | f | ste. Theodore, v. | 14 | 8 | 5 | 2 | 19 | f |
| I. |  | 29 | g | saint Pierre, mart. | 14 | 28 | 22 | 17 | 30 | g |
| * |  | 30 | A | saint Eutrope, m. | 14 | 42 | 42 | 39 | 3 | h |

*De l'état de l'homme humaine*

Six ans prochains vingt-quatre en somme,
Sont signifiez par Avril gracieux,
Et sous cet âge est gay & joli l'homme,
Plaisant aux Dames & aussi gracieux.

# MAY.

De pareil à May point n'auras,
Entre toute cette assemblée ;
Car qui bien nommer me sçaura,
Je suis le franc Roi de l'Année.

Je suis le May par qui parez,
Ah! maintes belle Demoiselles,
Et en ce tems fut approuvez,
Des Docteurs toute la querelle.

Epat

| épacte. | Nombre d'Or. | Jours. | MAY | Deg. | 1. An. minut. | 2. An. minut. | 3. An. minut. | 4. An. minut. | Signes. |
|---|---|---|---|---|---|---|---|---|---|
|  | T 3 | 1 | b | S. Jafques S. Philip. | 34 | 41 | 45 | 49 | f |
| XXIX. |  | 2 | c | faint Athanafe | 12 | 18 | 22 | 26 | g |
| XXVIII. | 1 | 3 | d | Inv. ste. Croix | 49 | 56 | 56 | 4 | h |
| XXVII. |  | 4 | e | fainte Monique | 26 | 32 | 36 | 49 | i |
| XXVI. | 19 | 5 | f | Conv. s. Auguft. | 2 | 8 | 13 | 18 | k |
| XXV. | 8 | 6 | g | S. Jean P. Latine | 59 | 44 | 50 | 51 | l |
| XXIV. |  | 7 | A | faint Staniflas | 14 | 21 | 27 | 31 | m |
| XXIII. | 16 | 8 | b | App. s. Michel. | 51 | 57 | 57 | 53 | n |
| XXII. | 5 | 9 | c | Tranfl. s. Nicolas | 28 | 33 | 40 | 4 | o |
| XXI. |  | 10 | d | faint Gordien | 4 | 10 | 50 | 23 | p |
| XX. | 13 | 11 | c | faint Mamert | 41 | 47 | 54 | 35 | q |
| XIX. | 2 | 12 | f | faint Pencrace | 18 | 21 | 30 | 1 | r |
| XVIII. |  | 13 | g | faint Servais | 54 | 59 | 6 | 43 | f |
| XVII. | 10 | 14 | A | faint Boniface | 31 | 35 | 44 | 24 | s |
| XVI. |  | 15 | b | faint Torquat | 7 | 12 | 19 | 0 | t |
| XV. | 18 | 16 | c | faint Honoré | 44 | 48 | 56 | 38 | u |
| XIV. | 7 | 17 | d | faint Pafcal conf. | 2 | 24 | 30 | 12 | v |
| XIII. |  | 18 | e | faint Venant | 56 | 0 | 6 | 48 | x |
| XII. | 15 | 19 | f | s. Pierre celeftin | 32 | 36 | 42 | 24 | y |
| XI. | 4 | 20 | g | faint Bernardin | 9 | 22 | 19 | 1 | z |
| X. |  | 21 | A | *Sol en Gemini* | 25 | 12 | 6 | 23 | & |
| IX. | 12 | 22 | b | faint Romain | 39 | 36 | 28 | 47 | ꝯ |
| VIII. | 1 | 23 | c | faint Didier | 3 | 0 | 52 | 10 | A |
| VII. |  | 24 | d | faint Donatien | 27 | 23 | 16 | 34 | b |
| VI. | 9 | 25 | e | faint Urbain | 51 | 46 | 40 | 58 | c |
| V. |  | 26 | f | s. Philippe de N. | 15 | 9 | 4 | 21 | d |
| IV | 7 | 27 | g | s. Jean P. & M. | 38 | 31 | 27 | 43 | e |
| III. | 6 | 28 | A | faint Germain | 1 | 56 | 51 | 8 | f |
| II. |  | 29 | b | faint Maximin | 25 | 29 | 14 | 33 | g |
| I. | 4 | 30 | c | faint Felix Pape | 4 | 43 | 80 | 55 | h |
|  | 3 | 31 | d | ste. Petronille v. | 4 | 6 | ● | 18 | i |

*De l'état de l'homme humain.*

May dénote les fix ans enfuivant
Que le tems change en produifant verdure,
En cet âge s'abandonnent les enfans,
A maintes ébats fans foucy & fans cure.

D

## JUIN.

Fatal à la Prairie en changeant l'herbe en foin,  
Je fleuris la beauté, j'emporte sa richesse:  
Le bestail en Hyver periroit au besoin,  
Sans mon soin qui suplée à la faim qui me presse,  
Fera un agrément qui ne nuira pas;  
N'ouvre pas aisément la veine,  
La saignée est trop incertaine,  
Mêle souvent ton vin.

| Epacte. | Nombre d'Or. | Jours. | | JUIN. | Deg. | 1. An. | 2. An. | 3. An. | 4. An. | Signes. |
| --- | --- | --- | --- | --- | minut. | minut. | minut. | minut. | | |
| XXIX. | | 1 | e | saint Justin | 17 | 1 | 2 | 15 | 20 | A |
| XXVIII. | 18 | 2 | f | saint Marcelin | 16 | 48 | 51 | 8 | 21 | b |
| XXVII. | | 3 | g | sainte Clotilde | 16 | 30 | 36 | 40 | 4 | c |
| XXVI. | 19 | 4 | A | saint Optat | 16 | 13 | 19 | 22 | 28 | d |
| XXV. | 8 | 5 | b | saint Boniface | 15 | 35 | 15 | 16 | 16 | e |
| XXIV. | | 6 | c | saint Claude Ar. | 15 | 58 | 40 | 40 | 5 | f |
| XXIII. | 5 | 7 | d | saint Paul Evêq. | 15 | 19 | 22 | 28 | 32 | g |
| XXII. | | 8 | e | saint Medard | 15 | 2 | 3 | 9 | 13 | h |
| XXI. | 15 | 9 | f | saint Liboire | 14 | 42 | 44 | 48 | 53 | i |
| XX. | 2 | 10 | g | saint Landry | 14 | 21 | 24 | 29 | 34 | k |
| XIX. | | 11 | A | saint Barnabé | 14 | 10 | 6 | 10 | 16 | l |
| XVIII. | 10 | 12 | b | saint Sanchez | 13 | 49 | 46 | 50 | 55 | m |
| XVII. | | 13 | c | s. Antoine de P. | 13 | 20 | 26 | 30 | 18 | n |
| XVI. | 18 | 14 | d | saint Basile Evêq. | 13 | 0 | 6 | 10 | 15 | o |
| XV. | 7 | 15 | e | saint Modeste | 12 | 26 | 46 | 50 | 55 | p |
| XIV. | | 16 | f | saint Cyr | 12 | 18 | 26 | 2 | 34 | q |
| XIII. | 5 | 17 | g | saint Montan | 11 | 58 | 5 | 9 | 12 | r |
| XII. | 4 | 18 | A | ste Martine V. | 11 | 37 | 44 | 18 | 52 | f |
| XI. | | 19 | b | s Gervais s Prot. | 11 | 16 | 24 | 17 | 32 | s |
| X. | 12 | 20 | c | saint Sylvere P. | 10 | 54 | 0 | 5 | 11 | t |
| IX. | 1 | 21 | d | *Sol en Cancer l'E.* | 10 | 31 | 39 | 44 | 47 | u |
| VIII. | | 22 | e | saint Paulin | 10 | 19 | 17 | 22 | 27 | v |
| VII. | 9 | 23 | f | *Vigile & jeûne* | 9 | 47 | 55 | 2 | 10 | x |
| VI. | | 24 | g | *S. Jean-Baptiste* | 9 | 26 | 33 | 18 | 41 | y |
| V. | 17 | 25 | A | Transl. s. Eloy | 9 | 4 | 11 | 61 | 19 | z |
| IV. | 6 | 26 | b | s. Jeans. Paul m. | 8 | 41 | 49 | 34 | 57 | & |
| III. | | 27 | c | saint Cresens | 8 | 19 | 27 | 12 | 25 | ɔ |
| II. | 4 | 28 | d | *Vigile & jeûne* | 7 | 27 | 25 | 13 | 8 | A |
| I. | | 29 | e | *S. Pierre S. Paul* | 7 | 0 | 0 | 0 | 0 | b |
| T | 3 | 30 | f | Comm. s. Paul | 0 | | | | | c |
| | | | | | | | | | | d |

*De l'état de l'homme humain.*

Les six premiers ans ressemble Juin,
Enfin duquel commence l'Esté,
Car l'esprit est prêt à enseigner,
Et doux devient l'enfant quand a trente-six ans.

# JUILLET.

Je suis Juillet sec & chaud,　　Dans cette saison chaloureuse,
Dans mon tems faner il faut,　　La maladie est dangereuse,
N'oublie pas la bouteille au Vin,　　Garde-toi de pleuresie,
Car il faut boirere en faisant le foin.　　Si tu veux conserver ta vie.

| Epacte. | Nombre d'Or. | Jours. | | JUILLET. | Deg. | 1. An. mint. | 2. An. minut. | 3. An. minut. | 4. An. minut. | Signes. |
|---|---|---|---|---|---|---|---|---|---|---|
| XXIX. | 3 | 1 | g | saint Thibaut | 23 | 7 | 10 | 10 | 15 | A |
| XXVIII. | | 2 | A | Visitation N. D. | 23 | 2 | 50 | 5 | 10 | b |
| XXVII. | 11 | 3 | b | saint Anatole | 22 | 59 | 58 | 2 | 52 | c |
| XVI. | | 4 | c | Transl. s. Martin | 22 | 50 | 52 | 54 | 49 | d |
| XXV. | 19 | 5 | d | saint Zoé Martyr | 22 | 4 | 25 | 49 | 42 | e |
| XXIV. | 8 | 6 | e | saint Tranquillin | 22 | 37 | 28 | 45 | 25 | f |
| XXIII. | | 7 | f | saint Allyre | 22 | LO | 50 | 35 | 37 | g |
| XXII. | 16 | 8 | g | sainte Elisabeth | 22 | 22 | 22 | 27 | 17 | h |
| XXI. | 5 | 9 | A | saint Zenon m. | 22 | 14 | 4 | 18 | 11 | i |
| XX. | | 10 | b | Les 7. freres m. | 22 | 4 | 9 | 9 | 2 | k |
| XIX. | 13 | 11 | c | saint Sidoine | 21 | 52 | 54 | 17 | 58 | l |
| XVII. | 4 | 12 | d | s. Jean Galbert | 21 | 42 | 45 | 47 | 46 | m |
| XVI. | | 13 | e | saint Anaclet. P. | 21 | 30 | 35 | 27 | 9 | n |
| XVI. | 10 | 14 | f | s. Bonaventure | 21 | 22 | 25 | 28 | 0; | o |
| XV. | | 15 | g | saint Henry Em. | 21 | 10 | 34 | 18 | 9 | p |
| XIV | 18 | 16 | A | N. D. du M. C. | 21 | 0 | 2 | 6 | 7 | q |
| XIII. | 7 | 17 | b | saint Alexis conf. | 20 | 47 | 50 | 55 | 0 | r |
| XII. | | 18 | c | saint Arnou | 20 | 35 | 38 | 43 | 43 | ſ |
| XI. | 5 | 19 | d | saint Arsene | 20 | 22 | 26 | 31 | 34 | s |
| X. | 4 | 20 | e | ste Marguerite | 20 | 11 | 13 | 19 | 15 | t |
| IX. | | 21 | f | saint Victor | 20 | 19 | 56 | 5 | 6 | u |
| VIII. | 12 | 22 | g | ste Magdeleine | 20 | 42 | 47 | 56 | 50 | v |
| VII. | | 23 | A | Sol en Leo | 19 | 28 | 33 | 17 | 19 | x |
| VI. | 9 | 24 | b | ste Christine | 19 | 13 | 18 | 24 | 26 | y |
| V. | | 25 | c | S. Jacques S. Ch. | 19 | 0 | 3 | 10 | 52 | z |
| IV. | 17 | 26 | d | Transl. s. Marcel | 19 | 25 | 42 | 56 | 58 | & |
| III | 6 | 27 | e | saint Panthaleon | 18 | 28 | 34 | 37 | 43 | ⁹ |
| II. | | 28 | f | sainte Anne | 18 | 12 | 18 | 22 | 27 | A |
| I. | 4 | 29 | g | ste Marthe | 17 | 57 | 59 | 28 | 18 | b |
| | | 30 | A | saint Abdon | 17 | 40 | 40 | 52 | 26 | c |
| | 3 | 31 | b | saint Germain. | 17 | 28 | 28 | 36 | 36 | d |

*De l'état de l'homme humain*

Sage doit être , ou ne sera jamais ,
L'homme quand il a quarante deux ans,
Lors la beauté décline desormais,
Comme en Juillet toutes fleurs vous passent.

# AOUST.

Je suis le chaloureux Aoust,
En mon tems on fait moisson par tout,
C'est dans cette saison pour certain,
Que l'on recuielle le bon grain.

La saignée n'est pas pratiquable,
Si absolument l'on n'est malade :
Dans ce tems l'Artisan soigneux,
Amasse pour l'Hyver froidureux.

| Epacte. | Nombre d'Or. | Jours. | | AOUST | Deg. | 1. An. minut. | 2. An. minut. | 3. An. minut. | 4. An. minut. | Signes. |
|---|---|---|---|---|---|---|---|---|---|---|
| XXIX. | | 1 | c | saint Pierre és l. | 4 | 34 | 29 | 29 | 40 | f |
| XXVIII. | 3 | 2 | d | saint Estienne P. | 4 | 50 | 37 | 97 | 4 | g |
| XXVII. | | 3 | e | Inv. s. Estienne | 5 | 20 | 6 | 10 | 27 | h |
| XXVI. | 16 | 4 | f | saint Dominique | 5 | 43 | 49 | 33 | 5 | i |
| XXV. | 9 | 5 | g | N. D des Neiges | 6 | 5 | 2 | 54 | 12 | k |
| XXIV. | 16 | 6 | ,A | Transfigur. N. S. | 6 | 28 | 25 | 17 | 35 | l |
| XXIII. | 5 | 7 | b | saint Caëtan | 6 | 50 | 48 | 59 | 57 | m |
| XXII. | | 8 | c | saint Marin | 7 | 12 | 10 | 2 | 20 | n |
| XXI. | 13 | 9 | d | s. Romain *Vigile* | 7 | 36 | 32 | 25 | 42 | o |
| XX. | 2 | 10 | e | *Saint Laurent* | 7 | 57 | 52 | 56 | 4 | p |
| XIX. | | 11 | f | saint Tiburce | 8 | 20 | 12 | 8 | 16 | q |
| XVIII. | 10 | 12 | g | sainte Claire V. | 8 | 41 | 34 | 33 | 49 | r |
| XVII. | | 13 | A | saint Hipolite M. | 9 | 2 | 8 | 8 | 11 | s |
| XVI. | 31 | 14 | b | *Vigile & jeûne* | 9 | 24 | 14 | 14 | 33 | ſ |
| XV. | 7 | 15 | c | *Assomption N. D.* | 9 | 37 | 35 | 53 | 52 | t |
| XIV. | | 16 | d | *Saint Roch Conf.* | 10 | 7 | 9 | 9 | 13 | u |
| XIII. | 15 | 17 | e | saint Rogat | 10 | 29 | 10 | 19 | 34 | v |
| XII. | 4 | 18 | f | ste Heleine Imp. | 10 | 51 | 42 | 39 | 55 | x |
| XI. | | 19 | g | saint Louis Ev. | 11 | 12 | 2 | 0 | 16 | y |
| X. | 12 | 20 | A | saint Bernard | 11 | 32 | 21 | 21 | 37 | z |
| IX. | 1 | 21 | b | saint Anastase M. | 11 | 52 | 45 | 42 | 57 | & |
| VIII. | | 22 | c | s. Symphorien | 11 | 12 | 5 | 3 | 17 | ʊ |
| VII. | 9 | 23 | d | *Sol en Virgo* | 12 | 31 | 24 | 23 | 38 | A |
| VI. | 17 | 24 | e | *Saine Barthelemy* | 12 | 49 | 41 | 42 | 17 | b |
| V. | 6 | 25 | f | *Saint Louis Roi* | 13 | 8 | 3 | 1 | 10 | c |
| IV. | | 26 | g | saint Zephirin M | 13 | 38 | 12 | 22 | 36 | d |
| III. | 14 | 27 | A | Transl. s. Sulpice | 13 | 48 | 4 | 46 | 59 | e |
| II. | 3 | 28 | b | saint Augustin | 14 | 8 | 5 | 1 | 19 | f |
| I. | | 29 | c | Decolation s. Jean | 14 | 28 | 22 | 17 | 30 | g |
| * | | 30 | d | saint Fiacre conf. | 14 | 42 | 42 | 39 | 3 | h |
| | | 31 | e | saint Ovide M. | | | | | | i |

*De l'état de l'homme humain.*

Six ans prochains quarante-huit en somme,
Sont signifiez par Août gracieux,
Et sous cet âge est gay & joli l'homme,
Plaisant aux Dames & aussi gratieux.

# SEPTEMBRE.

*Je me faits Septembre appeller,* *Tous les Bergers pour une fois,*
*Plein de tous biens à tous endroits,* *Dont chacun doit par grande raison,*
*On peut en ma maison trouver,* *Aviser qu'en iceluy mois,*
*Du pain, vin, avoine & poix.* *Soit bien pourvû pour la saison.*

Epacte

| Epacte. | Nombre d'Or. | Jours. | | SEPTEMBRE. | Deg. | 1. An. mint. | 2. An. minut. | 3. An. minut. | 4. An. minut. | Signes. |
|---|---|---|---|---|---|---|---|---|---|---|
| | T | 3 | 1 | f | saint Leu s. Gilles | 34 | 41 | 45 | 49 | f |
| XXIX. | | 2 | g | saint Just | 12 | 18 | 22 | 26 | g |
| XXVIII. | 1 | 3 | A | ste. Seraphie | 49 | 56 | 56 | 4 | h |
| XXVII. | | 4 | b | sainte Rosalie | 26 | 32 | 36 | 49 | i |
| XXVI. | 19 | 5 | c | saint Victorin | 2 | 8 | 13 | 18 | k |
| XXV. | 8 | 6 | d | saint Zacharie | 59 | 44 | 50 | 54 | l |
| XXIV. | | 7 | e | sainte Reine | 14 | 21 | 27 | 31 | m |
| XXIII. | 16 | 8 | f | Nativité N. Dame. | 51 | 57 | 57 | 58 | n |
| XXII. | 5 | 9 | g | saint Adrien | 28 | 33 | 40 | 44 | o |
| XXI. | | 10 | A | s. Nicolas de T. | 4 | 10 | 50 | 20 | p |
| XX. | 13 | 11 | b | saint Prothe, M. | 41 | 47 | 54 | 35 | q |
| XIX. | 2 | 12 | c | saint Sylvain | 18 | 21 | 30 | 1 | r |
| XVIII. | | 13 | d | saint Maurille | 54 | 59 | 6 | 48 | s |
| XVII. | 10 | 14 | e | Exalt. ste. Croix | 31 | 35 | 44 | 24 | s |
| XVI. | | 15 | f | saint Nicodême | 7 | 12 | 19 | 0 | t |
| XV. | 18 | 16 | g | sainte Euphemie | 44 | 48 | 56 | 38 | u |
| XIV. | 7 | 17 | A | saint Justin | 2 | 24 | 30 | 12 | v |
| XIII. | | 18 | b | saint Th. de V. | 56 | 0 | 6 | 48 | x |
| XII. | 15 | 19 | c | saint Janvier | 32 | 36 | 42 | 24 | y |
| XI. | 4 | 20 | d | s. Eustache Vigile | 9 | 22 | 19 | 1 | z |
| X. | | 21 | e | S. Mathieu, Ap. | 25 | 12 | 6 | 23 | & |
| IX. | 12 | 22 | f | saint Maurice | 39 | 36 | 28 | 47 | ꝯ |
| VIII. | 1 | 23 | g | Sol en Libra. L'Aut. | 3 | 0 | 52 | 10 | A |
| VII. | | 24 | A | N.D. de la Merci. | 27 | 23 | 16 | 34 | b |
| VI. | 9 | 25 | b | saint Firmin, év. | 51 | 46 | 40 | 58 | c |
| V. | | 26 | c | ste. Justine Vierge | 15 | 9 | 4 | 21 | d |
| IV. | 7 | 27 | d | s. Côme s. Dam. | 38 | 31 | 27 | 43 | e |
| III. | 6 | 28 | e | saint Venceslas | 1 | 56 | 51 | 8 | f |
| II. | | 29 | f | Saint Michel | 25 | 29 | 14 | 33 | g |
| I. | 4 | 30 | g | saint Jerôme | 4 | 43 | 80 | 55 | h |
| | 3 | | | | 4 | 6 | 0 | 18 | i |

*De l'état de l'homme humain.*

Avoir grands biens ne faut que l'homme cuide,
S'il ne les a à cinquante-quatre ans,
Non plus que s'il a sa grange vuide,
En Septembre, plus de l'an n'aura rien.

# OCTOBRE.

Celui qui de moi remembre,
Se doit réjouir grandement,
Car je suis nommé le mois d'Octobre,
Qui fait vin cueillir & ferment.

Dont on fait le Saint Sacrement,
Sur l'Autel en maintes contrées,
Et quand je fais bon Vin vrayement
Ma maison doit être app rivée

| Ætas. | Nombre d'Or. | Jours. | | OCTOBRE. | Deg. 1. An. minut. | 2. An. minut. | 3. An. minut. | 4. An. minut. | Signes. |
|---|---|---|---|---|---|---|---|---|---|
| XXIX. | | 1 | A | saint Remy, Arch | 4 | 34 | 29 | 29 | 40 | f |
| XXVIII. | 3 | 2 | b | Ss. Anges Gard. | 4 | 50 | 37 | 97 | 4 | g |
| XXVII. | | 3 | c | saint Faufte | 5 | 20 | 6 | 10 | 27 | h |
| XXVI. | 16 | 4 | d | saint François | 5 | 43 | 49 | 33 | 5 | i |
| XXV. | 9 | 5 | e | saint Placide | 6 | 5 | 2 | 54 | 12 | k |
| XXIV. | 16 | 6 | f | saint Bruno | 6 | 28 | 25 | 17 | 35 | l |
| XXIII. | 5 | 7 | g | saint Serge | 6 | 50 | 48 | 59 | 57 | m |
| XXII. | | 8 | A | sainte Brigitte | 7 | 12 | 10 | 2 | 20 | n |
| XXI. | 13 | 9 | b | *Saine Denis.* | 7 | 36 | 32 | 25 | 42 | ● |
| XX. | 2 | 10 | c | sainte Tanche | 7 | 57 | 52 | 56 | 4 | p |
| XIX. | | 11 | d | saint Nicaise | 8 | 20 | 12 | 8 | 16 | q |
| XVIII. | 10 | 12 | e | saint Edouard | 8 | 45 | 34 | 33 | 49 | r |
| XVII. | | 13 | f | saint Daniel, Mar | 9 | 2 | 8 | 8 | 11 | ſ |
| XVI. | 31 | 14 | g | saint Califte pape | 9 | 24 | 14 | 14 | 33 | s |
| XV. | 7 | 15 | A | sainte Therefe | 9 | 37 | 35 | 53 | 52 | t |
| XIV. | | 16 | b | saint Gal, Abbé. | 10 | 7ſ | 9 | 9 | 13 | u |
| XIII. | 15 | 17 | c | saint Florentin | 10 | 29 | 10 | 19 | 34 | v |
| XII. | 4 | 18 | d | saint Luc, Evang | 10 | 51 | 42 | 39 | 55 | x |
| XI. | | 19 | e | saint Pierre d'Alc | 11 | 12 | 2 | 0 | 16 | y |
| X. | 12 | 20 | f | saint Caprais | 11 | 32 | 21 | 21 | 37 | z |
| IX. | 1 | 21 | g | sainte Ursule | 11 | 52 | 45 | 42 | 57 | & |
| VIII. | | 22 | A | saint Mellon | 11 | 12 | 5 | 3 | 17 | ꝯ |
| VII. | 9 | 23 | b | *Sol en Scorpion.* | 12 | 31 | 24 | 23 | 38 | A |
| VI. | 17 | 24 | c | saint Magloire | 12 | 49 | 41 | 42 | 17 | b |
| V. | 6 | 25 | d | s Crefpin s Crefp. | 13 | 8 | 3 | 1 | 10 | c |
| IV. | | 26 | e | saint Evarifte | 13 | 38 | 12 | 22 | 36 | d |
| III. | 14 | 27 | f | *Vigile & jeûne* | 13 | 48 | 4 | 46 | 59 | e |
| II. | 3 | 28 | g | *S. Simon S. Jude.* | 14 | 8 | 5 | 1 | 19 | f |
| I. | | 29 | A | s. Narciffe, Evêq | 14 | 28 | 22 | 17 | 30 | g |
| * | | 30 | b | saint Serapion | 14 | 42 | 42 | 39 | 3 | h |
| | | 31 | c | s. Quentin. *Vigile* | | | | | | i |

### De l'état de l'homme humain.

En Octobre figurant foixante ans,
Si l'homme eft riche cela eft à bonne heure,
Des biens qu'il a nourrir femme & enfans,
Plus n'eft befoin qu'il travaille & laboure.

# NOVEMBRE.

Je fais allumer maintes tisons,
Novembre suis qui regne à plein,
Toutes personnes de façons,
Doit penser d'avoir Pain & Vin.

Et doit prier au Souverain
Roi des Cieux pour son sauvemet
Car en mon tems il est certain,
Que tout meure naturellement.

| Epacte. | Nombre d'Or. | Jours. | | NOVEMBRE. | Deg. | 1. An. minut. | 2. An. minut. | 3. An. minut. | 4. An. minut. | Signes |
|---|---|---|---|---|---|---|---|---|---|---|
| XXIX. | 3 | 1 | d | *La Touffaints.* | 23 | 7 | 10 | 10 | 15 | A |
| XXVIII. | | 2 | e | *Les Trepaffez* | 23 | 2 | 50 | 5 | 10 | b |
| XXVII. | 11 | 3 | f | faint Marcel | 22 | 59 | 58 | 2 | 52 | c |
| XVI. | | 4 | g | s. Charles Borr. | 22 | 50 | 52 | 54 | 49 | d |
| XXV. | 19 | 5 | A | faint Vital | 22 | 4 | 25 | 49 | 42 | e |
| XXIV. | 8 | 6 | b | faint Leonard | 22 | 37 | 28 | 45 | 25 | f |
| XXIII. | | 7 | c | faint Baudin | 22 | LO | 50 | 35 | 37 | g |
| XXII. | 16 | 8 | d | Les 4. Couronnez | 22 | 22 | 22 | 27 | 17 | h |
| XXI. | 5 | 9 | c | faint Mathurin | 22 | 14 | 4 | 18 | 11 | i |
| XX. | | 10 | f | faint Martin, Pap | 22 | 4 | 9 | 9 | 2 | k |
| XIX. | 13 | 11 | g | *Saint Martin* | 21 | 52 | 54 | 17 | 58 | l |
| XVII'. | 4 | 12 | A | faint René | 21 | 42 | 45 | 47 | 46 | m |
| XVII. | | 13 | b | faint Brice | 21 | 30 | 35 | 27 | 9 | n |
| XVI. | 10 | 14 | c | faint Bertrand | 21 | 22 | 25 | 28 | 0 | o |
| XV. | | 15 | d | faint Malo | 21 | 10 | 34 | 18 | 9 | p |
| XIV | 18 | 16 | e | faint Edme | 21 | 0 | 2 | 6 | 7 | q |
| XIII. | 7 | 17 | f | faint Agnan | 20 | 47 | 50 | 55 | 0 | r |
| XII. | | 18 | g | faint Odon | 20 | 35 | 38 | 43 | 43 | f |
| XI. | 5 | 19 | A | fainte Elifabeth | 20 | 22 | 26 | 31 | 34 | s |
| X. | 4 | 20 | b | faint Emond Roi | 20 | 11 | 13 | 19 | 15 | t |
| IX. | | 21 | c | Prefentat. N. D. | 20 | 19 | 56 | 5 | 6 | u |
| VIII. | 12 | 22 | d | fainte Cecile | 20 | 42 | 47 | 56 | 50 | v |
| VII. | | 23 | e | *Sol en Sagittaire* | 19 | 28 | 33 | 17 | 19 | x |
| VI. | 9 | 24 | f | faint Cryfogone | 19 | 13 | 18 | 24 | 26 | y |
| V. | | 25 | g | ste Catherine | 19 | 0 | 3 | 10 | 52 | z |
| IV. | 17 | 26 | A | ste Genevié des A. | 19 | 25 | 42 | 56 | 58 | & |
| III | 6 | 27 | b | fainte Colombe | 18 | 28 | 34 | 37 | 43 | ɔ |
| IL | | 28 | c | faint Softene | 18 | 12 | 18 | 22 | 27 | A |
| I. | 4 | 29 | d | s. Saturnin *Vigile.* | 17 | 57 | 59 | 28 | 18 | b |
| | 3 | 30 | c | *S. André, Apôtre.* | 17 | 40 | 40 | 52 | 26 | c |
| | | | | | 17 | 28 | 28 | 36 | 36 | d |

*De l'état de l'homme humain*

A foixante fix ans quand l'homme vient,
Reprefenté par le mois de Novembre,
Vieil & caduc & maladif devient,
Lors de bien faire eft tems qu'il fe remembre.

# DECEMBRE.

Je suis Décembre courtois,  
Qui sur tous doit être enjoué :  
Car en mon tems le Roi des Rois,  
Fut de la Vierge enfanté.

Et delivré de son côté,  
Dont le monde se rejouit.  
L'honneur ait tout autre passé,  
Quand en mon tems Jesus naquit.

| Epacte. | Nombre d'Or. | Jours. | | DECEMBRE. | Deg. 1. | An. 2. minut. | An. 3. minut. | An. 4. minut. | minut. | Signes. |
|---|---|---|---|---|---|---|---|---|---|---|
| XXIX. | | 1 | f | saint Eloy | 17 | 1 | 2 | 15 | 20 | A |
| XXVIII. | 81 | 2 | g | sainte Bibiane | 16 | 48 | 51 | 8 | 21 | b |
| XXVII. | | 3 | A | s. François Xav. | 16 | 30 | 36 | 40 | 4 | c |
| XXVI. | 19 | 4 | b | sainte Barbe | 16 | 13 | 19 | 22 | 28 | d |
| XXV. | 8 | 5 | c | saint Sabas , Abbé | 15 | 35 | 15 | 16 | 16 | e |
| XXIV. | | 6 | d | saint Nicolas | 15 | 58 | 40 | 40 | 5 | f |
| XXIII. | 5 | 7 | e | st. Ambroise | 15 | 19 | 22 | 28 | 32 | g |
| XXII. | | 8 | f | *Concept. N. Dame.* | 15 | 2 | 3 | 9 | 13 | h |
| XXI. | 15 | 9 | g | sainte Leocade | 14 | 42 | 44 | 48 | 53 | i |
| XX. | 2 | 10 | A | s. Melchiade,pap. | 14 | 21 | 24 | 29 | 34 | k |
| XIX. | | 11 | b | saint Damase , P. | 14 | 10 | 6 | 10 | 16 | l |
| XVIII. | 10 | 12 | c | saint Epimaque | 13 | 49 | 46 | 50 | 55 | m |
| XVII. | | 13 | d | sainte Luce | 13 | 20 | 26 | 30 | 18 | n |
| XVI. | 18 | 14 | e | saint Heron | 13 | 0 | 6 | 10 | 15 | o |
| XV. | 7 | 15 | f | saint Mesmin | 12 | 26 | 46 | 50 | 55 | p |
| XIV. | | 16 | g | *O Sapientia !* | 12 | 18 | 26 | 2 | 34 | q |
| XIII. | 5 | 17 | A | saint Lazare | 11 | 58 | 5 | 9 | 12 | r |
| XII. | 4 | 18 | b | saint Gatien | 11 | 37 | 44 | 18 | 52 | ſ |
| XI. | | 19 | c | s. Clement | 11 | 16 | 24 | 17 | 32 | s |
| X. | 12 | 20 | d | saint Librat | 10 | 54 | 0 | 5 | 11 | t |
| IX. | 1 | 21 | e | *Saint Thomas , Ap.* | 10 | 31 | 39 | 44 | 47 | u |
| VIII. | | 22 | f | *Sol en Capr. l'Hyv.* | 10 | 19 | 17 | 22 | 27 | v |
| VII. | 9 | 23 | g | sainte Victoire | 9 | 47 | 55 | 2 | 10 | x |
| VI. | | 24 | A | *Vigile & jeûne* | 9 | 26 | 33 | 18 | 41 | y |
| V. | 17 | 25 | b | *N O E L.* | 9 | 4 | 11 | 61 | 19 | z |
| IV. | 6 | 26 | c | *Saint Eſtienne.* | 8 | 41 | 49 | 34 | 57 | & |
| III. | | 27 | d | *Saint Jean, Evang.* | 8 | 19 | 27 | 12 | 25 | 9 |
| II. | 4 | 28 | e | *Les Innocens.* | 7 | 27 | 25 | 13 | 8 | A |
| I. | | 29 | f | s. Thomas de C. | 7 | 0 | 0 | 0 | 0 | b |
| T | 3 | 30 | g | saint Sabin, mart. | 0 | | | | | c |
| | | 31 | A | saint Sylueſtre | | | | | | d |

*De l'état de l'homme humain.*

Par Décembre toûjours l'an se termine,
Ainsi fait l'homme aux ans soixante douze,
Le plus souvent, car vieilleſse le mine,
L'heure eſt venue que pour partir se houze.

EN ce preſent Calendrier l'Epacte commence à regner le mois de Janvier, & le jour où ſe trouve l'Epacte, l'an courant ce ſera le premier jour de la Lune du mois, ſe trouvera ledit nombre d'Epacte de l'an courant, ou à peu prés d'un jour, & principalement en l'an de Biſſexte.

## TABLE DU NOMBRE D'OR, EPACTE ET FESTES
### *Mobiles pour dix ans.*

| Ans de N. ſeigneur. | Lettres Dominicales. | Nombre d'Or. | Epacte. | Cycle ſolaire. | Septuageſime. | Les Cendres. | PASQUES. | Pentecôte. | Fête-Dieu. | L'Avent. |
|---|---|---|---|---|---|---|---|---|---|---|
| 1733 | d | 5 | 14 | 6 | 1 Fev. | 18 Fev. | 5 Avril. | 24 May. | 6 Juin. | 29 Nov. |
| 1734 | a | 6 | 25 | 7 | 21 Fev. | 10 Mars. | 25 Avril. | 13 Juin. | 24 Juin. | 28 Nov. |
| 1735 | b | 7 | 6 | 8 | 6 Fev. | 23 Fev. | 10 Avril. | 29 May. | 9 Juin. | 27 Nov. |
| 1736 | a g | 8 | 17 | 9 | 29 Janv. | 15 Fev. | 1 Avril. | 20 May. | 31 May. | 2 Dec. |
| 1737 | f | 9 | 28 | 10 | 17 Fev. | 6 Mars. | 21 Avril. | 9 Juin. | 20 Juin. | 1 Dec. |
| 1738 | e | 10 | 9 | 11 | 2 Fev. | 19 Fev. | 6 Avril. | 25 May. | 4 Juin. | 30 Nov. |
| 1739 | d | 11 | 20 | 12 | 18 Janv. | 11 Fev. | 29 Mars. | 17 May. | 28 May. | 29 Nov. |
| 1740 | c b | 12 | 1 | 13 | 14 Fev. | 3 Mars. | 17 Avril. | 5 Juin. | 16 Juin. | 27 Nov. |
| 1741 | a | 13 | 12 | 14 | 29 Janv. | 15 Fev. | 2 Avril. | 21 May. | 1 Juin. | 3 Dec. |
| 1742 | g | 14 | 23 | 15 | 28 Janv. | 7 Fev. | 25 Mars. | 13 May. | 24 May. | 2 Dec. |

## DES PARTITIONS LUNAIRES.

*Il convient qu'entre le 7 & le 8 de la lune ſe fait le premier Quartier & entre le 14 & le 15 ſe fait la pleineur d'icelle Lune, & entre le 21 & 22 ſe fait le dernier Quartier, & entre le 29 & 30 ſe fait la nouvelle Lune, & ainſi ſe fait toûjours perpetuellement.*

En l'an Biſſexte la Lettre Dominicale ſe change le Dimanche le plus proche de la S. Mathias, & la Lettre F. demeure deux toûjours à ſçavoir les 24 & 25 puis G. commence à regner avec les autres Lettres.

*Exhortation*

*Exhortation pour le salut de l'ame, faite par maniere de double Ballade.*

Has ! pourquoi prends-tu si
  grand plaisir,
Homme abusé, plein de présom-
  ption ?
En ce monde l'on n'a que déplaisir,
Envie, orgueil, guerre, dissention,
Bien malheureuse est ton affection,
Que penses-tu ?as-tu plus grand en-
  vie,
De vivre en doute en cette courte
  vie,
Qui les mondains à la mort d'Enfer
  mene ?
Bonne chose est de vivre en joye
  certaine,
Las ! tu sais bien, si tu n'est insensible,
Que c'est chose forte, voire impossi-
  ble,
D'avoir ici ton aise entierement,
Et aprés mort là haut pareillement,
Hélas ! pourtant change de condi-
  tion,
Et te ravifes, ou tu és autrement
Homme défait à perdition :
Lequel veux-tu, ou vie ou mort
  choifir,
Choisir ces deux tu as discretion,
Aime-tu mieux de ton cœur le desir
Pour ton ame mettre à perdition,
Que vivre un peu en tribulation,
Et aprés mort rend ton ame ravie,
Etre ne peut en cette vie humaine,
Et si ne laiffe terre, Domaine,
Et pere, mere, s'il est possible,
Vivre en peine & en labeur terrible,

En servant Dieu toûjours patiem-
  ment ;
C'est le chemin qui conduit seure-
  ment,
Aprés trépas l'homme à salvation,
Et qui va autrement va à damne-
  ment,
Homme défait & à perdition,
Cuides ici toûjours avoir loisir,
D'avoir pardon sans satisfaction,
Et toute nuit en blanc lit mol gesir,
Puis à ce jour sans operation,
Paffer le tems en délectation,
Tant que du tout la chair soit affou-
  vie,
Penses-tu point qu'il faille que ce
  devie,
Et qu'elle prenne fin, ô puiffance
  mondaine,
Hélas ! ouy, car la mort viendra fou-
  daine,
En moins d'une heure avec fon dard
  horrible,
Si à ce coup c'est chose invincible,
Et pas loisir n'auras aucunement
De dire à Dieu *peccavi* seulement ;
Ainsi mourra-t'on sans contrition,
Dont seras tôt par divin jugement
Homme défait & à perdition,
Homme en peril, fçache certaine-
  ment,
Que si tu n'as autre dévotion,
De t'amander & voir briévement,
Tu te verras un jour subitement
Homme défait & à perdition.

E

*Cy aprés s'enfuivent les peines d'Enfer & communication des pechez mor-*
*tels pour punir les pecheurs & pecherefses, comme raconta le Lazare*
*aprés qu'il fut refsufcité, ainfi qu'il avoit vû en enfer, & comme il ap-*
*pert par les Figures & Hiftoires fuivantes, mifes par ordre l'une aprés*
*l'autre, avec la déclaration defdits pechez.*

Notre Sauveur Jefus Chrift, un peu devant fa Paffion, étant en
Bethanie entra dans la maifon du nommé Simon pour prendre fa
refection corporelle; & comme il étoit à table avec fes Apôtres & Dif-
ciples, le Lazare frere de Marie Magdeleine, qu'il avoit refsufcité, de
laquelle chofe doutoit ledit Simon. Nôtre Seigneur commanda audit
Lazare qu'il dit en fa compagnie ce qu'il avoit vû en l'autre monde; alors
le Lazare raconta comme il avoit vû en Enfer les orgueilleux & or-

gueilleufes en grandes peines,
& confequemment les autres
entachez de quelques pechez,
comme s'enfuit.

Premierement, dit le Lazare, j'ai vû des rouës en Enfer,
trés-hautes, en une montagne,
fcituées en la maniere de mou-
lins, continuellement en grande impetuofité tournantes,
lefquelles rouës avoient crampons de fer où étoient les orgueilleux & orgueilleufes pen-
dus & attachez.

Orgueil entre les autres pechés, eft comme fon maître
& capital, & comme un Roi
a grande compagnie de gens,
compagnie à d'autres vices.

Et ainfi que les Rois gardent
bien ce qui eft à eux; ainfi fait
orgueil fur lefquels a Seigneurie.

Grand figne de reprobation
eft fi l'on y perfevere longuement. Orgueil eft donc un peché qui dé-

plaît à Dieu sur tous autres vices, autant comme l'humilité lui est plaisante entre toutes les vertus, & n'est péché qui tant fasse sembler l'homme au diable comme fait son orgueil, car l'orgueilleux ne veut être comme les autres, mais faut qu'il soit comme le Pharisien avec les diables Et pource que l'orgueilleux se veut élever sur les autres hommes, le diable en fait comme l'oiseau de la coquille d'une noix dure qu'il ne peut casser de son bec,

lequel la porte en haut & la laisse tomber dessus une pierre pour la casser, puis descend & la mange. Ainsi le diable éleve les orgueilleux : les orgueilleux & les humbles sont comparez à la paille & au grain, la paille est legere & veut monter en haut, & le vent l'emporte, le grain est pesant & demeure sus la terre & est mis au grenier du Seigneur : Ainsi les orgueilleux élevez sont précipités dans l'Enfer, & les humbles vont en Paradis.

*Secondement dit le Lazare, j'ai vû un fleuve dans lequel les envieux & envieuses étoient plongez jusqu'au nombril, & par dessus les frapoient un très horrible froid, & quand ils les vouloient exciter, ils se plongeoient autour.*

ENvie est une douleur au cœur du bien d'autruy, lequel peché est damnable, parce qu'il est contraire à la charité ; c'est un figne de réprobation, par lequel le diable connoît ceux qui feront damnez; ainsi que la charité est signe de salvation, par lequel Dieu connoît ceux qui feront sauvez. Les envieux sont compagnons du diable; car si le diable gagne, ils se réjouissent avec lui, & s'il ne réussit pas dans ses entreprises ils en sont marris; les envieux sont tellement infectez & corrompus que les bonnes odeurs leurs sentent mauvais, & les choses douces & ameres, ce sont les bonnes renommées & prosperitez des autres; mais les choses puantes & ameres leurs sont douces, comme vices diffames, adversitez & infortunes contraires qui arrivent aux autres. Les envieux qui cherchent leur bien & se réjouissent du mal d'autruy; il profite comme celui qui cherche le feu en l'eau, ou des raisins sur des épines, ce qui est grande folie. Envie n'est que sur les felicitez & biens de ce monde; car la maudite envie ne peut jamais monter au Ciel. C'est un peché difficile à guérir, parce qu'il est secret; car il est au cœur, auquel les medecines sont difficiles à mettre, c'est pourquoi on a de la peine à en guérir.

*Troisiémement, dit le Lazare, j'ai vû une cave & la plus obscure pleine de table & d'étaux comme d'une boucherie, où les Ireux étoient transpercez de glaives tranchans & coûteaux aigus.*

**A**Insi comme la paix fait la conscience habitation de Dieu; ainsi Ire le fait habitation du diable : Ire offusque l'œil de raison : car en l'homme colere la raison n'est point. Il n'est chose en l'homme qui represente tant l'image de Dieu que la douceur, paix & amour; car Dieu veut être en la paix; mais Ire le chasse d'avec l'homme, tellement que Dieu n'y peut demeurer nullement.

L'homme colere est semblable a un démoniacle, qui a l'ennemi en son corps, parquoi se tourmente & écume par la bouche, & grince les dents de douleur que l'ennemi lui fait. Ainsi l'homme Ireux est tourmenté par la colere, & fait souvent plus que les démoniacles; car sans patience il bat les uns & les autres, dit des injures & blasphêmes, donne son corps & son ame au diable, & fait plusieurs choses hors du bon sens. Par la colere le diable gagne quelquefois toute une generation, ou tout un Pays, laquelle chose arrive souvent par un homme seul, comme un chien ireux émeut & met en noise plusieurs autres chiens. Le pêcheur trouble l'eau, afin que le poisson ne puisse voir les filets & se mettre dedans. Ainsi le diable trouble l'homme par l'Ire, afin qu'il ne connoisse le mal qu'il fait.

PAresse est tristesse des biens spirituels, qui ordonne l'homme Dieu, parquoi on laisse à servir Dieu de cœur comme on doit de la bouche, & par bonnes œuvres. Qu'il faut aimer Dieu, & le reconnoître Créateur de tous les biens qu'on reçoit châque jour.

C'est une imbecilité, opprobre, temerité & grande folie quand par paresse en cette vie on ne quitte les biens temporels pour la vie éternelle, mais plusieurs sont propres à faire du bien, & diligent à faire du mal; que s'ils étoient aussi diligens à bien faire qu'à mal-faire, ils seroient bien-heureux: celui qui pensera bien commencer, aprés la mort ne pourra bien faire, & n'aura que le bien qu'il aura fait en sa vie, & sera bien dolent avec regret de n'avoir pas profité du tems. Il faut donc fuir la Paresse & s'addonner à la vertu contraire à ce peché, considerant que plusieurs maux viennent par la paresse: il y en a de deux sortes, l'une est la paresse de se convertir à Dieu, l'autre est la paresse de se confesser, lesquels maux sont dangereux; car en differant de se convertir & confesser, souvent plusieurs meurent en trés-grand danger & peril de leurs ames: car il est bien difficile de bien vivre aprés avoir mal vêcu.

*Cinquiémement , dit le Lazare , j'ai vû des chaudieres pleines d'huile*
*boüillante , plomb & autres metaux fondus , dans lesquels étoient plongez*
*les Avaricieux & Avaricieuses , pour les punir de leurs avarices.*

ON doit sçavoir que l'Avaricieux est inique à Dieu , car il aime mieux
gagner un denier que l'amour de Dieu , & aime mieux perdre Dieu
que de perdre une maille. Car souvent pour peu de chose il renie ou jure
ou se parjure & peche mortellement. La foi , l'esperance & la charité
qu'on doit avoir pour Dieu , les Avaricieux les mettent en leurs richesses,
Premierement la foi , car ils croyent mieux avoir les choses necessaires
par leurs richesses que de Dieu , comme si Dieu n'étoit pas tout puissant
pour secourir ses serviteurs : aprés ils ont encore esperance d'avoir plus
de joye de leurs richesses que Dieu ne leur en sçauroit donner. L'Avaricieux a de l'attache pour ses biens & non pas pour Dieu. Là où est le
cœur est l'amour , & l'amour est la charité ; ainsi l'Avaricieux met toute
ses affections en ses richesses , dont il perd la vie éternelle pour acquerir des
biens temporels. Les Avaricieux ressemblent aux chiens qui gardent la
charogne quand leurs ventres en sont pleins , crainte que les oyseaux n'en
mangent , ainsi l'Avaricieux retient les biens que les pauvres doivent
manger.

*Sixiémement , dit le Lazare , j'ai vû en une vallée ou fleuve fort puant , au*
*rivage duquel étoit une Table , avec tailles des-honnêtes , où les gloutons*
*& gloutonnes étoient repus de crapaux & autres bêtes venimeuses , &*
*abbreuvez de l'eau dudit fleuve.*

LA gorge est la porte du château du corps de la personne , mais quand
les ennemis veulent prendre le château , s'ils gagnent une fois la
porte , ils auront bien-tôt le château. Ainsi , si le diable gagne la gorge de
l'homme par gloutonnerie , il aura bien-tôt le reste & entrera dedans le
corps avec sa compagnie : car les gloutons s'adonnent à tous vices , &
pour cette cause il est nécessaire de faire bonne garde à cette porte , de
crainte que le diable ne la gagne : car quand on tire un cheval par la bride
on le mene où l'on veut , ainsi fait le diable à l'homme glouton : car le
corps rempli de vin & de viandes n'est capable de faire aucunes bonnes
œuvres : par gloutonneries plusieurs sont morts qui eussent vêcu longuement , ainsi ont été homicides d'eux , car les excès de boire & de

abrégent la vie : Ceux qui boivent & mangent fans heure & fans mésure font semblable aux pourceaux, qui font les plus vilains animaux.

*Septiémement dit le Lazare, j'ay vû en une Montagne des Puits profonds pleins de feu & de souffre, dont il sortoit une fumée trouble, dont les Luxurieux & Luxurieufes étoient tourmentez.*

DE tous les sept pechez mortels, Luxure est le plus agréable au diable pource qu'il ma ule le corps & l ame enfemble, parquoy il gagne deux perfonnes, & aussi parce qu'il fe vente n'en être point entaché. En quoi semble le Luxurieux être plus difforme que le diable par la fouillure de ce déteftable peché. Le Marchand est bien fou & outre-cuidé fe chargeant de marchandife qu'il fçait fort bien qu'il s'en repentira aprés, ainfi le Luxurieux qui a beaucoup de peine & dépenfe fes biens pour accomplir fa malheureufe volonté, dont aprés fe repent de la peine prife, & de fes biens dépenfez : mais il n'est pas quitte pour fe repentir : ainfi faut faire penitence. Pour ce maudit & damnable peché nôtre Seigneur envoya le déluge fur la terre : enforte que toutes les créatures vivantes, tant hommes que femmes, enfans, bêtes & Oifeaux furent tous noyez, fubmergez & mis à mort : excepté le bon homme Noé, fa Famille, & ce que Dieu lui commanda de referver, lefquels fe fauverent en l'Arche par le commandement du divin Créateur. Par ce maudit peché les

Cités de Sodome Gomorre & autres furent abîmées, & tous ceux & celle
qui y étoient furent morts confondus & peris, à la réserve du juste Loth
sa femme & ses deux filles que Dieu en voulut préserver, & pour cet abo
minable peché une infinité de maux, adversitez, famines, guerres, &
pestilence en sont arrivez sur la terre par punition, ainsi qu'il est écrit en
la Sainte Bible & autres Livres.    Le luxurieux vivant en son peché est
tourmenté en Enfer de trois tourmens, de chaleur, de puanteur & de re
mords de conscience, car il brûle par sa concupiscence, il est puant de
son infâmeté.  Ce peché est toute puanteur qui macule le corps & l'ame
que tous les autres pechés ne maculent point, sinon qu'ils maculent l'ame
si n'est point luxure sans remors de conscience de l'offence qu'on a faite
à Dieu.    Luxure est la fosse du diable en laquelle il fait tomber les  pe
cheurs & pecheresses, lesquels plusieurs aident au diable à se précipite
dedans, quand à escient vont prés de la fosse en laquelle ils sçaven
bien que le diable les veut faire tomber.    Pour éviter tout cela il ne
faut point fréquenter la femme de mauvaise vie, & encore de ne la re
garder jamais & trés bon est de ne la point toucher. A ce peché condui
les salles paroles, vilaines chansons, & attouchemens déshonnêtes qu
font de luxure, parquoi on peche souvent, lesquelles paroles & chan
sons deshonnêtes ne font point de honte aux personnes qui sont adonne
à ce vilain peché, comme sont ruffiens & ruffiennes, paillards, paillar
des, & tous ceux qui frequentent & aiment hanter leur compagnie, ou
qui aiment & désirent perseverer en ce vilain peché de Luxure.


*Fin de la seconde partie du Compôt & Calendrier des Bergers, &*
*consequemment les déclarations des peines de l'Enfer correspondantes*
*aux pechez mortels & damnables.*

LA

# LA TROISIÉME PARTIE
du Compòt des Bergers, qui est sçience
salutaire, & ou champs des vertus.

Quiconque veut faire porter fruits à une terre inabondante, premierement on doit ôter toutes choses nuisibles, & aprés la bien labourer & remplir de toutes bonnes semences.

Ainsi l'homme doit nettoyer sa conscience de tous pechez, la cultiver
par de saintes méditations & y semer de bonnes vertus, pour recueillir
la vie éternelle afin d'avoir son désir accompli de vivre longuement.
Puis donc que ci-devant a été parlé des vices, quoique legerement, il
convient aprés parler des vertus en cette troisiéme partie du present Livre laquelle sera comme un petit jardin plaisant, plein de fleur & arbres,
auquel la personne contemplative se pourra consoler, & par bons enfeignemens y cueillir plusieurs vertus & soi édifier en bon exercice dont sera ornée son ame devant son Epoux Jesus-Christ quand il la viendra visiter pour demeurer avec elle. Au commencement de laquelle partie sera
l'Oraison Dominicale, avec l'explication pour la mieux entendre, elle
contiendra six parties. La premiere sera la déclaration de l'Oraison de
notre Seigneur. La seconde de la salutation Angelique. La troisiéme les
douze Article de La Foy Catholique. La quatriéme les dix Commandemens de la Loi. La cinquiéme les six Commandemens de la sainte Eglise.
La sixiéme est le champ des vertus. Pour la premiere, qui est l'Oraison
de notre Seigneur, quand nous la disons nous demandons à Dieu suffisamment toutes choses necessaires pour le salut de nos ames & de nos
corps, non pas seulement pour nous, mais pour tous les autres, & pour
cette cause on doit sçavoir ladite Oraison & la dire avec grande dévotion.
On la doit apprende avec grand soin aux jeunes gens, afin qu'en la re-
citant devotement ils attirent sur eux la misericorde de Dieu. Ladite
Oraison contient sept petitions, on peut entendre sept autres choses
bien singulieres & necessaires pour le salut de l'ame ; c'est à sçavoir, les
sept Sacremens de la sainte Eglise, lesquels on doit croire fermement.

G

Les sept dons du saint Esprit lesquels humblement doivent être réservez, les sept armures de justice spirituelle qu'on doit vêtir pour combatre contre les vices, les sept œuvres de misericorde spirituelles, & les sept de misericorde corporelles, lesquels on doit faire & accomplir. Les sept Vertus principales, lesquelles diligemment on doit acquerir; & pour les sept vices capitaux, qui sont pechez mortels, lesquels tout homme doit éviter & fuir, la déclaration est telle.

*Cy après s'ensuit ladite Oraison Dominicale que Nôtre-Seigneur apprit à ses Apôtres, & la déclaration d'icelle.*

**N**OTRE *Pere qui êtes aux Cieux, que votre Nom soit santifié.* Par laquelle petition nous prions Dieu notre Pere & Créateur que soyons ses enfans, car autrement ne pourroit être dit notre Pere, & que son saint Nom soit sanctifié de nous plus que nul autre, parquoi recevons le Saint Sacrement de Batême, sans lequel personne ne peut être appellé Fils de Dieu ni santifier son s. Nom, & recevons le don du saint Esprit, dit le Don de Sapience, pour sçavoir honorer & révérer Dieu le Pere & Dieu le Fils. Nous vêtons l'haubergeron d'humilité contre le peché d'Orgueil, & en ayant grand compassion des pauvres indigens acquérons en nous la vertu de prudence, & évitons le peché d'Orgueil.

La seconde petition. *Votre Royaume nous advienne.* Par laquelle petition portant que le nom de Dieu ne peut être parfaitement de nous santifié en ce monde, lui requérons son bi enheureux Royaume, auquel parfaitement le sanctifierons, & duquel seront héritiers comme les bons & vrais enfans. Laquelle petition nous donne à entendre le s. Sacrement de Prêtrise par laquelle nous sommes instruits à faire de bonnes œuvres, & le don du saint Esprit, dit don d'entendement pour sçavoir désirer le bienheureux Royaume de Paradis. Si nous voulons nous armer du bouclier de largesse contre l'avarice, donnons à manger à ceux qui ont faim corporellement, corrigeons les dissolutions spirituellement & fuyons le peché d'avarice, ainsi acquérons en nous la vertu de force.

La troisiême petition. *Votre volonté soit faite en la Terre comme au Ciel.* Car la voye pour aller au Royaume du paradis, & faire la volonté de Notre Seigneur, c'est que ses Commandemens soient acomplis. Par cette petition lui faisons obéissance de nos cœurs quand lui requérons faire sa volonté, que nous donne à entendre le Sacrement de Mariage, par lequel on évite fornication, & le don de conseil du Saint Esprit pour veritablement ordonner notre obéissance, dont armons-nous du Bouclier de

confolation contre Envie & donnons à boire à ceux qui ont foif corporellement, & enfeignons les ignorans fpirituellement, parquoi nous mé-
riterons la vertu de Juftice & éviteront le peché d'Envie.

La quatriême petition. *Donnez nous aujourd'huy notre pain quotidien.*
par laquelle petition nous prions Dieu d'être fubftantez du pain materiel
pour nos corps, & du pain fpirituel pour nos ames, c'eft le pain de vie
du Corps de Jefus-Chrift, parquoi nous recevons le Saint Sacrement de
l'Autel en mémoire de fa paffion, & défirons avoir le don de Force du
Saint Efprit pour être ferme en la Foy Chrétienne, prenons le glaive de
Sapience contre le peché d'Ire, vifitons les Malades corporellement &
pacifions les difcordes fpirituellement, acquérons en nous la vertu de
Tempérance & fuyons le mauvais peché d'Ire.

La cinquiéme petition eft, *Et nous pardonnez nos offences comme nous
les pardonnons.* Les trois petitions précédentes nous requérons à Dieu que
nous foyons délivrez de tous nos maux qui font en grand nombre, ceux
qui les ont commis, & commettent péchent mortellement, & par cette
priere nous demandons à notre Seigneur que nous foyons abfous par fa
fainte miféricorde, en quoi nous entendons le Sacrement de pénitence
& la rémiffion des pechez, le don du faint Efprit qui eft de fcience pour
fçavoir bonnes œuvres & éviter les vices : vifitons & confortons les pauvres prifonniers corporellement, & donnons bon confeil aux défolez &
déconfortez fpirituellement, ayons en nous la vertu de Foy & évitons
le peché de pareffe.

La fixiéme pétition. *Et ne fouffrez point que nous foyons vaincus en tentation.* Pour le fecond mal qui n'eft commis, mais peut avenir & y pouvons enchoir par moyen de tentation, fi requerons à Dieu par cette petition que nous foyons fermes & perféverions en bonnes œuvres & en la
vertu d'efperance & force pour refifter aux tentations, à quoi nous peut
fervir le Sacrement de Confirmation, qui nous donne certitude du bien
que nous efperons, moyennant le don de verité du f. Efprit, qui nous a
fait perféverer en notre créance. On doit auffi prendre la lance de fobriété
contre le peché de Gloutonnerie, & recevoir en fa maifon les pauvres pelerins étrangers, pardonner les offences à foy faites fpirituellement, car
ainfi on acquiert l'Efperance, & l'on évite le peché de Gloutonnerie.

La feptiéme petition. *Mais délivrez nous du mal. Amen.* Le tiers mal eft
de peine & de toute chofe qui empéche de fervir Dieu, duquel mal & de
tous nous prions d'être délivrez, & que nous foyons en paradis difant
*Amen,* c'eft-à-dire, Ainfi foit-il, comme nous défirons, parquoi recevons
le Sacrement de l'Extrême-Onction qui nous donne affurance de

la voye du salut avec le don du Saint Esprit, parquoi nous doutons du divin Jugement , & ceignons nos reins du baudrier de chaîteté contre le peché de Luxure.    Si nous enseveliſſons les morts corporellement & prions pour nos ennemis ſpirituellement, acquerons en nous la vertu de Charité & évitons le peché de Luxure.

*Ample déclaration du Pater.*

NOtre Pere trés-merveilleux en Création , doux à aimer , riche de tous biens , qui eſt au Ciel, Miroir de Trinité, couronne de Jacondie , & Tréſor de felicité. Votre Nom ſoit ſantifié tant qu'il ſoit miel en notre bouche, car doucement ſonnante en nos oreilles , & dévotion perſévérence en nos cœurs. Votre Royaume nous advienne, auquel ſerons toûjours joyeux ſans triſteſſe , ſon repos ſans tribulation & aſſuré de ne le perdre. Votre volonté ſoit faite en la Terre comme au Ciel, ſi nous aimions ce que vous aimez , & haïſſions ce que vous haïſſez , & que nous faſſions vos Commandemens.    Donnez-nous aujourd'huy notre pain quotidien, c'eſt à ſçavoir, pain de doctrine , pain de penitence, & pain pour ſubſtanter nos corps.    Et nous pardonnez nos pechez que nous avons faits contre vous , contre nos prochains & contre nous-même, ainſi que nous pardonnons à ceux qui nous ont offenſez , ou par paroles , ou en nos corps, ou en nos biens.    Et ne ſouffrez pas que nous ſoyons vaincu en tentation , c'eſt à ſçavoir du monde, de la chair & du diable. Mais gardez-nous du mal , ſoit paſſé, préſent ou avenir.   *Amen.*

Laquelle Oraiſon Notre-Seigneur Jeſus Chriſt fit, afin que plus grande eſperance & dévotion y ayons. Ce fut quand une fois il enſeignoit ſa Doctrine à ſes Apôtres, & les exhortoit ſpecialement de faire Oraiſon. Alors le prierent humblement , diſant, Seigneur & Maître apprend nous à prier, lors Notre-Seigneur ouvrit ſa ſacrée bouche , & dit à ſes Apôtres,

*Quand vous voudrez faire Oraiſon a Dieu , vous direz.*

NOtre Pere qui êtes aux Cieux. Votre Nom ſoit ſantifié. Votre Royaume nous advienne. Votre volonté ſoit faite en la Terre comme au Ciel. Donnez-nous aujourd'huy notre pain quotidien. Et nous pardonnez nos pechez comme nous les pardonnons. Et ne ſouffrez pas que nous ſoyons vaincus en tentation. Mais délivrez-nous du mal.   *Amen.*

Secondement au Livre de Jeſus eſt l'*Ave Maria* , & eſt tel.

*La Salutation que fit l'Ange Gabriel à la Sainte Vierge.*

JE vous Salue Marie , pleine de grace ; le Seigneur eſt avec vous : vous êtes benite entre toutes les Femmes : & Jeſus le fruit de vos Entrailles eſt beni.   Sainte Marie Mere de Dieu , priez pour nous pauvres pecheurs , maintenant & à l'heure de notre mort.   *Amen.*

EN cet *Ave Maria*, font trois myfteres. Le premier eft la Saluation que fit l'Ange Gabriel. Le fecond eft la louange que fit fainte Elifabeth. Le troifiéme eft la priére faite par notre mere fainte Eglife.

Ce font les plus belles paroles que nous puiffions dire à Notre-Dame que l'*Ave Maria*, quand nous la faluons & prions : Et pour ce on le dit feulement à elle & non à autre, & fi tu demande comment donc prirons nous les Sts. Je te répond qu'on les doit prier de même que la Ste. Eglife en difant à S. Pierre, priez pour nous, à S. Etienne, priez pour nous, Ste. Barbe, priez pour nous. S. Claude, priez pour nous qu'il nous donne fa grace & nous pardonne nos pechez, & que nous puiffions garder fes Commandemens & ainfi aux autres Sts. qu'on voudra nommer. *Troifiémement au Livre de Jefus & fcience falutaire eft le Credo, où fon*[t] *les douze article de la Foy que nous devons croire fur peine de damnation.*

| S. Pierre. | S. André | S. Jacques le grand. | S. Jean. | S. Thomas. | S. Jacques le min. |
|---|---|---|---|---|---|

| 1. Je croy, en Dieu le Pere tout puiffant Créateur du Ciel & de la Terre. | 2. Et en Jefus Chrift fon fils un feul Dieu notre Seigneur. | 3. Qui fut conçût du S. Efprit né de la Vierge Marie. | 4. A fouffert fous Ponce-Pilate, fut crucifié mort & enfevely. | 5. Defcendit aux Enfers le tiers jour reffufcita de mort. | 6. Monta és Cieux, & fis à la dextre de Dieu le Pere. |
|---|---|---|---|---|---|

| S. Philippe. | S. Barthelemy. | S. Mathieu. | S. Simon. | S. Jude. | S. Mathias. |
|---|---|---|---|---|---|

| 7. Et aprés viendra juger les vivans & les morts. | 8. Je croy au Saint Efprit. | 9. La fainte Eglife Catholique. | 10. La Communion des Saints. | 11. La remiffion des pechez. | La refurectió de la chair. La vie éternelle. *Amen.* |
|---|---|---|---|---|---|

CE *Credo* a été fait & compofé des douze Apôtres de Notre Seigneur Jefus-Chrift, defquels un chacun a mis fon article, cóme il eft montré par personnages connuës en l'Histoire, tant d'une part que d'autre, & est notre foy Catholique connuë en ces douze articles, qui est le commencement de notre salut, sans lequel nul ne peut être sauvé ; aussi la Foi doit être empreinte au cœur par connoissance de Dieu, en la bouche par confession & loüange d'icelui, en operation par exercice de ses commandemens & bonnes œuvres lesquels démontrent ceux qui les font, avoir vraye Foi & vive, c'est à dire, pour les sauver, & combien que la foy du cœur soit bonne, & celle de la bouche aussi, toutefois la meilleure est celle qui gît aux bonnes œuvres que l'on fait, & est une même Foy qui est en la bouche & au cœur, il n'est qu'une foi, comme un Dieu.

S'enfuit donc le *Credo*, duquel saint Pierre a mis le premier article, disant. Je croy en Dieu le Pere tout-puissant, Créateur du Ciel & de la Terre. Saint André. Je croy en Jesus Christ son Fils unique un seul Dieu. Saint Jacques le Grand. Je croy qu'il fut conçû du S. Esprit, né de la Vierge Marie. Saint Jean. Je croy qu'il souffrit sous Ponce-Pilate, fut crucifié, mort & enseveli. S. Thomas. Je croy qu'il descendit aux Enfers & le troisiéme jour il ressuscita de la mort. Saint Jacques le Mineur. Je croy qu'il monta aux Cieux, se sied à la dextre de Dieu le Pere tout-puissant. Saint Philipe. Je croy qu'il viendra juger les vivans & les morts. Saint Barthelemy. Je croy au Saint Esprit. Saint Mathieu. Je croy en la Sainte Eglise Catholique. Saint Simon. Je croy la communion des Saints, la remission des pechez. Saint Jude. Je croy la resurrection de la chair. Saint Mathias. Je croy la vie éternelle. *Amen.*

Tout homme & femme doit donc sçavoir ce Saint *Credo*, puis qu'il a l'usage de raison, & se doit dire le matin & le soir chaque jour dévotement car c'est une grande dévotion. Parquoi le bon Chrétien quand il se leve de son lit & est habillé se doit agenouiller & premierement faire le signe de la Croix & dire *Credo in Deum.* Je croy en Dieu le Pere tout-puissant, comme cy dessus est dit. Aprés faut dire le *Pater noster* à Dieu, & à Notre-Dame l'*Ave Maria*, & se recommander à son bon Ange en lui disant mon bon Ange gardez-moi bien : Pareillement au soir quand on va se reposer.

*Les Dix Commandemens de Dieu.*

1. UN seul Dieu tu adoreras,
Et aimeras parfaitement.
2. Dieu en vain tu ne jureras,
Ni autre chose pareillement.
3. Les Dimanches tu garderas,
En servant Dieu devotement.
4. Pere & Mere honoreras,
Afin que vives longuement.
5. Homicide point ne feras,
De fait ni volontairement.
6. Luxurieux point ne feras,
De corps ni de consentement.
7. L'avoir d'autrui tu n'embleras,
Ne retiendras à ton escient.
8. Faux témoignage ne diras,
Ni mentiras aucunement.
9. L'œuvre de chair ne desireras,
Q'en Mariage seulement.
10. Bien d'autruy ne convoiteras,
pour les avoir injustement.

Quatriémement au Livre de Jesus sont les dix Commandemens de la Loy que doivent garder & accomplir sur peine d'être damnez, hommes & femmes qui ont l'usage de raison, car sans connoissance d'iceux Commandemens, convenablement on ne peut éviter le peché ni connoître la Foy, confesser veritablement, parquoi l'ignorance d'iceux venuë par desir, affection condamnent, & pource Notre Seigneur manda qu'on les eût en meditation en sa maison & hors, en dormant & en veillant, & en toutes œuvres ainsi en étant obligé à les garder, afin que celui qui jamais n'en eût ouy parler, les puis apprendre.

Et cela fait connoître que l'ignorance des Commandemens est perilleuse, parquoi que chacun s'étudie de les sçavoir & les apprendre à ceux de qui on rendra compte. Mets toutes tes affections à garder la Loi, & quatre benedictions de Dieu descendront sur toi, car tu seras paisible en ta Cité sans adversité, ne souffriras aucun desastre, ton champ sera fertile, ton bled & ton froment viendront à maturité & aussi je t'assure que ta femme aura fecondité, & affluance de tous biens. Dieu te gardera de mauvaise sterilité, car la terre aura en abondance fruit & biens

Les Commandemens de nôtre Mere la Sainte Eglise.

1. LEs Dimanches Messes ouyras,
   Et Fêtes de commandement.

2. Tous tes pechez confesseras,
   A tout le moins une fois l'an.

3. Et ton Créateur recevras,
   Au moins à Pâques humblement.

4. Les fêtes tu sanctifieras,
   Qui sont de commandement,

5. Quatre-tems, Vigiles jeûneras,
   Et le Carême entierement.

6. Vendredy chair ne mangeras,
   Ni le Samedy mêmement.

Cinquiémement au Livre de nôtre Seigneur sont les six Commande-mens de nôtre Mere la Sainte Eglise. Que ceux & celles qui ont l'usage de la raison doivent garder selon qu'il leur sera possible, pource que si l'homme ou la femme qui se pourroit confesser, ou ouir la Messe, ou recevoir le précieux Corps de Notre Seigneur à Pâques, ou garder les Fêtes commandées, ou les Jeûnes d'obligation quand il auroit bonne volonté d'y obéir; j'açoit qu'ils fussent legitimement empêchez, ils ne pécheront point, mais pourtant se garde l'homme & la femme du mau-dit peché d'Avarice, ou Paresse, ou desir d'aller voir aucuns déportemens mondains en déprisant notre Mere sainte Eglise. Se garder aussi de trans-gresser lesdits Commandemens afin qu'il n'encoure damnation éternel-le, dequoi nous preserve la misericorde de Notre Sauveur Jesus-Christ.

Icy est à noter que la transgression des Commandemens de notre Mere sainte Eglise est peché mortel, & par consequent damnation éternelle, comme fait l'obligation des dix Commandemens de la Loy que Notre
Seigneur

Seigneur donna à Moyſe, car ceux qui entendent les Prêtres faiſant ſes
Commandement en l'Egliſe le Dimanche à la Meſſe Paroiſſialle, & ac-
compliſſent iceux Commandemens, entendent Notre-Seigneur & font
ſa volonté, mais ceux & celles qui mépriſent les Prêtres & ne font leurs
commandemens ſelon l'ordonnance de notre mere ſainte Egliſe, mépriſent Nôtre-Seigneur & péchent mortellement.

---

## *LE COMMENCEMENT DU JARDIN OU*
### *Champ des Vertus.*

O Dieu Auteur du firmament
Mon vaiſſeau eſt infecté d'ordure,
Par mon mauvais gouvernement,
Nage en mer en grande avanture,
Le vaiſſeau eſt la créature,
En tout ce qui appartient
Car délit mondain qui peut dure,
Dont peu ſouvent nous en ſouvient.
 Naturellement cheminer
Il me convient un jour avant :
Et ſi ne ſçaurois gouverner
Mon vaiſſeau derriere ou devant,
J'en ay le cœur triſte & dolent,
Moy qui ſuis encore jeune d'âge,
Car je m'en vais tout en dormant,
Comme paſſe vent & orage.
 Néanmoins à Dieu je commets
Mon voyage & mon affaire,
Et en ſa grace je me mets,
Mieux je ne me ſçaurois retraire
Il ſçait ce qui eſt néceſſaire,
Si le requiers aprés tous dits,
Qu'enfin aye pour mon ſalaire,
Le Royaume du Paradis.
 Hélas la dure départie,
Quand on ne trouve point de Ports,
Pour Dieu ſoyez de ma partie,
Vierge Marie mon réconfort,
Faites-moy entrer à bon port,
Mon vaiſſeau & mon gouvernail

Arriere du puant & horrible
Lieu damnable & gouffre infernal.
 De grand peur le cœur me départ,
Car faire me faut partement,
D'icy, & ne ſçais quelle part,
Tirer pour mon avancement,
Mon Dieu, mon Pere qui ne ment,
Si mon vaiſſeau n'eſt envoyé,
Par vous à Port de ſauvement,
En peril ſuis d'être noyé.
 Entrer me faut en cette mer,
Tant qu'à mon Créateur plaire,
Qu'un voyage doit être amer,
Quand on ne ſçait ou on ira,
N'y le jour que l'on partira,
Plus j'y penſe & plus il m'ennuye
Celui qui me fit & deſſera
Me conduiſe en la droite voye.
 Adieu je m'en vais ſans attendre,
Mon chemin, car je ſuis ſurpris
Puis que mon voile ay voulu tendre,
Et puis que l'aviron ay pris,
Jamais je ne ſerai repris,
De cheminer le droit chemin,
Que nos ancêtres ont appris
Et qui devant nous ont pris fin.
 J'apperçois à perdition,
Mon Vaiſſeau égaré en mer,
Pour finable concluſion,
Mon voyage me faut finir.

H

En ce tems les Bergers mangent chair de bœuf, de porc, de cerf, de biche & de toute venaison, perdrix, faisans, liévres oyseaux de riviere & autres s'ils les peuvent avoir; car c'est la saison que la nature souffre plus grande quantité de viandes pour la naturelle chaleur qui est retirée dans le corps.

En ce tems ils boivent vins forts, vin bâtard ou malvosité deux ou trois fois la semaine, & usent d'épices en leurs viandes, parce qu'alors c'est le plus sain de toute l'année, auquel ne viendra maladies, si ce n'est par mauvais gouvernement.

Les Bergers disent que le Printems est chaud & moite, de la nature de l'air, & complexion du sanguin. En ce tems nature se réjoüit, le sang se répand parmy les veines plus qu'en un autre tems. L'Eté est chaud & sec de la nature du feu du colerique melancolique, on se doit garder de toutes choses qui se mouvent à chaleur. L'Automne est froid & sec de la nature de la terre & complexion du melancolique, on se doit garder de faire excés pour le danger des maladies en quoi le tems est disposé. L'Hyver est froid & moite de la nature l'eau & complexion flegmatique on se doit tenir chaud pour vivre sainement.

L'homme est formé des quatre élemens, lesquels toûjours l'un à la seigneurie sur les autres, & celui qui domine le feu est dit sanguin, c'est à dire, chaud & moite. Celui qui domine la terre est mélancolique, froid & sec. D'icelle complexion sera parlé plus amplement.

*Fin du regime de santé des Bergers.*

# S'ENSUIT L'ASTROLOGIE
## des Bergers.

On peut vivre comme les Bergers qui gardent les brebis aux champs sans sçavoir lettres ni écritures; mais seulement par aucunes figures qu'ils ont en petites tablettes de bois, avoir connoissance des Cieux, des signes, des Etoiles, des Planettes, de leurs mouvemens & proprietez. Premierement ne doit ignorer qu'à tout homme qui est de franche

H 2

condition appartient sçavoir la figure du monde , l'ordre des élemens &
réduit à faire de bonnes œuvres pour meriter le Paradis. La quatriéme en
quoi le Chrétien doit ensuivre JesusChrist en patience, en adversité , en
esprit de vie par penitence, se conformant en Dieu. La cinquiemé chose
est en compassion des pauvres à l'exemple de Jesus Christ, qui par sa
misericorde guérissoit les pauvres de toutes maladies corporelles, & les
pecheurs de toutes maladies spirituelles, & nous par compassion devons
donner de nos biens aux pauvres, & les conforter spirituellement. La
sixiéme chose en quoy le Chrétien en doit suivre Jesus Christ, est douleur, dévotion, charité & contemplation des mysteres de sa Divinité, de
sa Resurrection, de son Ascension & de son avenement au Jugement, qui
souvent doit être au cœur des parfaites meditations. Et quant au dernier
quelle chose est le Berger, je dis que c'est sçavoir ma vacation comme
chacun la sienne, & aussi sçavoir de toutes choses les transgressions combien de fois on a transgressé ; car autant de fois on a offensé Dieu, & qui
bien y pense trouve ses omissions & offenses innumerables , lesquelles
étant connues on s'en doit douloir & en faire penitence; voilà comme je
connois l'homme être Berger.

---



*Chanson d'un Berger qui n'étoit point maître , à qui sa connoissance ne
profitoit point.*

JE connois que Dieu m'a formé
  A sa divine semblance,
Je connois que Dieu m'a donné,
Ame sans vie & connoissance,
Je connois qu'à juste balance,
Selon mes faits jugé serai,
Je connois bien, mais je ne sçai,
Connoître d'où vient la folie,
Que je sçai bien que je mourrai
Et si je n'amande point ma vie.
  Je connois en quelle pauvreté
Vint sur terre & nàquis d'enfance,
Je connois que Dieu m'a prêté,
Tant de biens en grande abondance,
Je connois qu'avoir ne chevance,
Avec moi je n'emporterai,
Je connois que tant plus auray,

Je connois tant ceux pour vrai ,
Plus dolent mourray en partie,
Et si n'amende point ma vie.
  Je connois qu'ay déja passé
La part de mes jours , sans doutance
Je connois que j'ay amassé,
Pechez, & fait peu penitence,
Je connois que par ignorance,
Excuser je ne me pourrai,
Quand l'ame sera départie,
Pour dire je m'amendrai,
Et si n'amende point ma vie.
  Prince je suis en grand émoy
De moy qui les autres châtie,
Et moy même pire je sçay
Et si n'amende point ma vie.

*Chanson d'un Berger qui bien se connoissoit, & sa connoissance lui profitoit*

JE considere la pauvre humanité,
Et comme en pleurs premier nâquis
  sur la terre,
Je considére ma fragilité,
Et mon peché qui trop le cœur me ser-
  re,
Je considere que mort me viendra querre
Je ne sçay l'heure pour tolir la vie,
Je considere que l'ennemy m'épie,
La chair, le monde me guétoit si fort,
Je considere que c'est tout par envie
Pour me délivrer sans fin à mort
Je considere les tribulations
De ce vilain siécle dont la vie n'est pas
  nette,
Je considere cent mille passions,
Ou pauvre humaine nature est sujette
Je considere la Sentence parfaite,
Du vray Juge faite sur les bons & mau-
  vais,
Je considere que tant plus vit pis vaut,
Dont conscience bien souvemment re-

mords,
Je considere des damnés les défauts,
Qui sont livrez sans fin du tout à mort,
Je considere que les vers mangerons,
Mon dolent Corps, chose épouventa-
  ble,
Je considére que les pecheurs seront
Quand viendra au Jugement redouta-
  ble :
Douce Vierge sur toute secourable,
Ayez mercy de moi cette journée,
Qui tant sera merveilleuse & doutée,
Et ma pauvre Ame conduise à vray
  Port,
Car à vous seule de cœur je l'ay vouée.
Pour la défendre sans fin de mort à
  mort.
Prince du Ciel votre humble créature
Vous crie merci pour faire accord,
Et de la peine qui toujours dure,
La défendez sans fin de mort à mort.

*S'ensuit les peines d'Enfer pour tous ceux qui n'observent*
*pas les Commandemens de Dieu.*

EN Enfer sont les grands gemisse-
  mens,
Grands déconforts & désolations,
Angoisses cris & toûjours hurlemens,
En grands douleurs, grandes afflictions,
En grands regrets, grandes componc-
  tions,
Dont le pecheur se devoit convertir,
Car on voit des obstinations
Des blasphémateurs détestations,
D'outre se peut à jamais repentir,
Feu trés horriblement ardent

Froid aussi fort resplandissant,
Grands cris & douleurs sans cesser,
Fumée qui ne les peut laisser,
Souffre puant & fort horrible,
Visions de diables terribles,
Faim tourmentant cruellement,
Et soif aussi pareillement,
Grande honte & confusion,
En tous membres affliction,
De toute gloire défaillance,
Remords sans fin de conscience,
Ire, rancune & puni murmure,

Orgueil & rébellion dure,  En toutes joyes leur defaut,
Biens d'autruy & maudite envie.  Désir de la mort trés-hideuse,
Fit crainte que trop leur ennuye,  Et tribulation honteuse.
Peine & tourment que point ne faut,

## EST DIT D'UN MORT TEL QUI S'ENSUIT.

SI mon regard ne vous vient à plai-  Par ma laideur qui est épouventable,
sir,  Prenez en gré connoissez le désir

arquoi prétends qu'il vous soit
    profitable,
n'y a point moïen plus veritable,
es cœurs à Dieu que de bien se
    connoître,
Connoissésdonc par moi qu'il vous
    faut être,
t preparer à mort votre imita-
    toire,
es fils d'Adam, mourons tous c'est
    notoire,
as toy mondain contemple ma
    maniere,
n tems fut vû que j'avois beau
    visage,
es yeux rians las j'ai de tariere,
Conduit à vers pour faire passage,
e dam d'autrui rende donque sage
Car comme moi tu deviendras en
    poudre,
out picoté comme un dez à cou-
    dre,
'un tas de vers lequel feras repas,
ous les humains faut passer ce pas
e tems durant que j'étois en ce
    monde,
Honoré fus de sublime puissance,
Mais mal gardé ma conscience mon-
    de,
ont j'ay remord qui me print à
    outrance,
u'est-ce d'honneur, qu'est-ce aus-
    si de jactance,
ue des fagots pour enfer allumer,
ain est fol qui fait bas trébucher,
ar severité ça bas ne prend desine,
ui trop haut monte il aime sa rui-
    ne,
arme repands de forcenée rage,

De la douleur qui me tient excef-
    sive,
Quand pour mes maux a le feu
    pour ôtage,
Cequ'aise me il faut que je m'estime
Là que fera pauvre ame chetive,
Pour se purger des pechez commis
Gagner ne puis si n'est pas mes amis
Je suis un ver qui ne veux plus que
    paille,
Dieu créa tout & benit de sa dextre
Fors que peché qui peut donc de lit
    être,
Qu'est-ce de lui pourquoi prit-il
    engeance,
Peché n'est rien fort faillance de bië
S'il est ainsi pour moi quiers peni-
    tence,
Frans fumes faits un chacun sursien
Quand Dieu nous fit garni de franc-
    arbitre,
Mais mal esseus qui prit le feu pour
    mien,
Dieu delaissant pour sentir son cha-
    pitre,
Ainsi enfer sans nul lui na droiture,
Que par ses maux ou par ses actions
Qui plus y met plus prend grande
    victoire,
Nul n'est blessé que de ses passions
De justicier ni de corrections,
Ni aquerir car il est droiturier,
Bienheureux qui va le droit sentier
Car tel aura bon Juge protecteur,
Combien qu'il soit patient rediteur
Las s'il étoit qu'eusse espace donnée
Le tems d'un jour pour faire peni-
    tence,
Quel deüil, quels pleurs, hélas quel-

le science,
Feroit mon corps pour conscience,
Or n'est-il apel aprés cette sentence
Là où je suis n'ay espoir d'avoir
  mieux,
Jeune ne fus & ne puis quand veux
Du repentir l'heure si est faillie,
Le fol ne croit tant qu'il voit sa
  folie,
Il apeit donc par bien vivre rai-
  son,
Que fol espoir de vivre longue-
  ment,
Ne fit jamais quand j'étois en cho-
  chon,
De mon salut & de mon damne-
  ment,
A pied levé fut surpris chaudement
Et sans arrêt de fort sur la saisine,
Mais bien fait Dieu que l'heure ne
  termine ;
Car qui ne craint en grand peril se
  boute,
Quand l'œil ouvert en ses faits ne
  voit goute,
Où sont les pleurs, le deuil de mon
  trépas,
Parens, amis, voisins à grand plan-
  té,
Qui me pleuroient voir sans con-
  pas,

Où est l'espoir que sur eux j'ay plan-
  té ?
Bon fait penser de soi durant santé
Car c'est folie d'autruy querir suf-
  frage,
Aprés la mort le vif n'est en l'usage
De se pouvoir aprés son dernie
  jour,
Dont chacun doit y penser sans se
  jour,
Hélas ! pourtant vanité delaissés
Elisez mieux que le vivre mondain
N'ignorez pas que mort vous so
  passée,
Qui êtes prêt de tomber en sa main
Depuis que mort dessus tous à dro
  ture,
Efforcez vous d'avoir des mœur
  l'élite,
Gagnez les Cieux devant la pour
  riture,
Aprêtez-vous contre la mort de
  pité,
Célebrement ont leurs delits passé
Jeunes & vieux sont ensemble er
  tassez,
Et prient ceux qui verront cet
  Histoire,
Des trepassez qu'ils en ayent mé
  moire.

*En l'Apocalipſe eſt écrit que ſaint Jean vit un cheval de cou-
leur pâle , ſur lequel étoit aſſis la mort , & l'Enfer le ſuivoit.
Le Cheval ſignifie le Pécheur qui a la couleur pâle pour ſon
mal & peché , porte la mort , car peché éſt mort de l'ame , &
l'Enfer s'ouvre pour l'engloutir , s il mouroit impenitent.*

S'Ir ce cheval hideux & pâle ,     Et en courant il ruë & frappe ,
La mort ſuis fermement aſſiſe ,    Mais je ruë tout , car c'eſt ma guiſe ,
Il n'eſt beauté que je ne paſſe ,    Tous hommes trébuche en ma
Soit vermeille blanche ou griſe ,        trappe ,
Mon Cheval court comme la bize ,    Je paſſe par monts & par vaux ,

Sans tenir ni voye ni sente,
Je prens par ville & Châteaux,
Mon tribut, mon cens & ma rente-
Enfer sçait qu'elle turie,
De gens je fais, car pas à pas,
Me suit & de ma boucherie,
Souvent en fait de gros repas,
En travaillant je ne dors pas;
Car ma main empoignera,
En tel qui ne s'en doute pas,

S'en garde qui garder voudra,
Enferme suit raison pour quoi,
De ceux qui tuë de mon dard,
Ils sont sans nombre croyez-moi
Car il est à la plus grande part,
Paradis n'en a pas le quart,
Ne le dîme on lui fait grand tort,
Pense donc qu'il sera trop tard,
De se repentir à la mort.

*Icy aprés est la signification de chacune vertu : dans la premiere est Humilité mere de toutes vertus & racine de l'arbre, laquelle étant bien ferme l'arbre se tient droit, mais si elle manque l'arbre est couché bas avec ses branches. Humilité est inclination volontaire de pensée & courage venant de la connoissance de Dieu, & a six branches qui consiste l'arbre des vertus, c'est à sçavoir, Charité, Foy, Esperance, Prudence, Justice, Temperance, & de chacune viennent plusieurs autres Vertus comme l'arbre démontre.*

### *De la Charité.*

Charité trés-haute est desir de pensée ardent, bien ordonner d'aimer Dieu & son prochain, & sont les branches, Grace, Paix, Pieté Douceur, Misericorde, Indulgence, Compassion Benignité, Concorde. Grace est celle qui montre le service effectueux de bien veillance d'un ami à l'autre. Paix, repos & tranquillité, bien ordonée des courages de cœurs qui sont réunis en bien. Pitié est affection de secourir à tout, & vient de douceur, grace, benignité, pensée & courage, qu'on a de douceur est quand on se montre courtois, & affable à écouter un chacun tant le riche que le pauvre, sans avoir égard à ce qu'on peu meriter Misericorde est vertu pieuse & égale estime de tous, avec inclination de courage plein de compassion envers ceux qui souffrent afflictions. Indulgence est rémission du mal d'autruy, par la consideration de soi-même qu'on peut avoir offensé plusieurs, où en se proposant que Dieu nous donne remission de nos offenses. Compassion doit s'entendre d'une affliction au courage dolent de la douleur & affliction qu'on voit à son Prochain. Benignité est un ardent courage, diligent d'un ami à l'autre avec réplandissante douceur de bonnesmœurs qu'on a. Concorde est convenance de courage, encore en droit qu'il n'est point desçû.

### De la Foy.

FOy est par la verité connuë des choses visibles, élever sa pensée en étude de sainteté pour venir croire les choses qu'on ne voit point & les branches sont, Religion, Netteté, Obéissance, Chasteté, Continence, Virginité affection. Religion, c'est par laquelle font exercer les services divins à Dieu & aux saints en grande reverence ; les services sont dit par Ceremonie, Netteté ou Virginité & Integrité, bien garder son corps & son ame, pour guerir le regard qu'on en a la crainte de Dieu. Obéissance est volontaire de renoncer de sa propre volonté par pitoyable dévotion. Chasteté, netteté & honnêteté d'habitude de tout le corps, par les chaleurs des vices bien domptez, & sujettes continence est cause que les désirs charnels se renferment par une moderation de conseil pris de soy-même. Affection est effusion de pitoyable amour envers son prochain venant d'un éblouissement conçû de par bonne foi en ceux qui s'aiment. Liberalité est vertu par laquelle le liberale courage n'est point gardé par aucune convoitise, de dépendre librement ses biens sans excés.

### De l'Esperance.

ESperance est mouvemens de courage, tendant fermement à prendre & voir les choses qu'on desire, de laquelle les branches sont, Contemplation, joye Honnêteté, Confession, patience, Compunction, Longaminite Contemplation est la destruction des desirs charnels, par une réjoüissance interieure de la penséeélevée pour contempler choses hautes. Joye & liesse spirituellement venant du contentement des choses presente & mondaine. Honnêteté est une vergogne par laquelle on se rend humble envers tous & en vient un loüableprofit avec coûtume publique & honnête. Confession est par laquelle la maladie secrete de l'ame est demontré au Confesseur à la louange de Dieu, avec esperance d'avoir misericorde. Patience est bonne souffrance de choses ad-verses & contraires , pour regard d'éternelle gloire qu'on desire d'a-voir Componction , est une douleur de grand valeur à l'âme soupi-rant , ou pour crainte du divin Jugement, ou par amour de payement qu'on attend. Longamité est soûtenir infatigable vouloir d'accomplir les desirs qu'on a en sa pensée.

### De la Prudence.

PRudence est diligence & garde de soi , avec sage providence de sça-voir connoître & discerner le bien d'avec le mal , & ses branches sont crainte de Dieu, conseil , memoire , intelligence, providence déliberation, raison, crainte de Dieu, est une grande diligence qui veille sur soy par soy & bonne mœurs des divins Commendemens. Conseil est un sub-tile regard de pensée que les causes des choses qu'on veut faire ou qu'on a gouvernement soient bien examinées. Memoire est une representation imaginative par regard de pensée qne les causes des choses qu'on veut faire ou ouir raconter. Intelligence est se disposer par vivacité raison-nable à l'état présent, ou les choses qui sont presentes. Providence est par laquelle on propose en soy l'avancement des choses futures par sa-gesse , subtilité & regard des choses passées. Déliberation est une con-sideration pleine d'esperance devant le commencement des choses dé-liberée qu'on peut faire. Raison est vertu par lequel est commandé de faire choses déliberés pour venir à quelque fin qu'on connoît être bonne & utile d'être sainte.

### De Temperance.

TEmperance est une ferme domination de raison contre les impe-tueux mouvemens de courage és choses illicites, ses branches sont discretion mortalité, taciturnité , jeûne, sobrieté affliction. Discretion est une raison assurée bien moderée d'humains mouvemens à juger le causes de toutes choses. Mortalité est se moderer justement par le mœurs de ceux avec qui il converse, gardée toutefois la vertu de na-ture. Taciturnité est foi attremper de paroles inutiles, dont vient u repos fructueux à celui qui s'amoderer. Jeûne est une grande discrett de sobrieté ordonnée pour garder les choses saintes & interieures. S brieté est pure & sans taches attempeance de l'un & de l'autre part du corps & de l'ame. Affliction du corps est par laquelle les semence

de lafcives penfées, par châtimens difcrets font reprimées Mepris du
fiécle eft un amour des chofes éternelles venant du regard des chofes
tranfitoire du monde.

### De Juſtice.

JUftice eft par laquelle grace de communauté eft entenduë de chacune
perfonne & gardée & la fien rendu , & fes branches font , loy & feve-
rité ; équité , correction , obfervance , jugement. Loy eft par laquelle
font commendée toutes chofes licites de faire , & qui défend toutes
chofes qu'on ne doit pas faire. Severité eft par laquelle vengeance de
droit eft prohibée , & quand on exerce le criminel qui a délinqué. Equi-
té eft trés-dignes retribution des mérites à fa balance de juftice droitement Correction eft défendre par le frin de raifon aucune accoûtumen-
ce de faire mal. Obfervance de ferment eft une juftice de contraindre
aucune nuifibles tranfgreffion de Loy nouvellement promulguées au
peuple. Jugement eft le mérite ou démerite de quelque perfonne ouye ,
par laquelle lui eft donnée ce qu'elle doit avoir , ou tourment pour
avoir fait mal , ou falaire en recompenfe pour avoir bien fait. Verité
eft par laquelle aucuns dits ou faits par raifon probable font recitez fans
ajoûter ni diminuer rien.

### De Force.

FOrce eft avoir ferme courage aux adverfitez & perils qui peuvent
venir , & font les branches , magnificence , confidence , tollerence ,
repos , ftabilité , perfeverence. Magnificence eft une joyeufe clairté de
courage adminiftrant chofes hautes ou grandes. Confidence eft arrêter
fa penfée ou courage par conftance immobile entre les chofes qui font
adverfes & contraires. Tollerance eft journellement fouffrir les mêchan-
cetez , aguts & perfecutions qui nous furviennent. Repos eft vertu par
laquelle une fevere eft donnée à fa penfée du mépris de la verité des chofes mondaines. Stabilité eft avoir penfée ferme & rejetter chofes diverfes pour aucunes varietez ou changement de tems ou lieux. Perfeveran-
ce eft une vertu qui vient à but & confirme le courage par la perfection
des vertus lefquelles on a & font parfaites par force longanimité.

## *Anatomie de tout le corps humain.*

AUcuns Bergers difent que l'homme eft un petit monde en foy, pour les convenances & fimilitudes qu'il a au grand monde qui eft agregation des neuf Cieux, quatre élemens & toutes chofes qui y font. Premierement l'homme a telle fimilitude au premier mobile qui eft le fouverain Ciel & principale partie du grand monde, car ainfi comme eft ce prefent Zodiaque divifé en douze parties, lefquels font les douze fignes : ainfi l'homme eft divifé en douze partie qui font dominées ou regardées d'iceux fignes, chacune partie de fon figne propre comme l'hiftoire le montre. Les fignes font, Aries, Taurus, Gemini, Cancer, Leo, Virgo, Libra, Scorpius, Sagittarius, Capricornus, Aquarius, Pifces defquels il y en a trois de nature de feu. Aries, Leo & Sagittarius, trois de nature de l'air, Gemini, Libra & Aquarius, trois de nature d'eau. Cancer, Scorpius & Pifces, trois de nature de la terre, Taurus Virgo & Capricornus.

Le premier en Aries qui gouverne la tête & la face de l'homme. Taurus le col & nœud de deffous la gorge. Gemini les épaules, les bras & les mains. Cancer la poitrine, les côtes, la ratelle & le poulmou. Leo l'Eftomach, le cœur & le dos. Virgo le ventre & les entrailles, Libra le petit ventre, les aînes, le nombril & les parties de deffous les hanches. Scorpius les parties honteufes les genitoires, la veffie & le fondement. Sagittarius les cuiffes. Capricornus les genouils jufques aux talons & aux chevilles des pieds. Pifces gouverne les pieds. On ne doit point faire incifion ni toucher de ferrement le membre qui gouverne aucun figne le jour que la Lune y eft pour crainte de trop grande effufion de fang qui s'en pourroit enfuivre, ni auffi pareillement quand le Soleil y eft pour le danger & peril qui en pourroit venir.

### La nature des douze Signes.

ARies eſt chaud & ſec de nature de feu, il gouverne la tête & la face de l'homme, lequel eſt bon pour ſaigner quand la Lune y eſt.

Taurus eſt froid & ſec de nature de terre gouverne le col & le nœud de deſſous la gorge, & eſt mauvais à faire ſaignée.

Gemini eſt chaud & humide de nature de l'air, il gouverne les épaules, bras & mains, mauvais pour ſeigner.

Cancer eſt froid & humide de nature d'eau, gouverne la poitrine, l'eſtomach le poulmon indifferent, c'eſt-à dire, ni bon ni mauvais, pour ſaigner

Leo eſt chaud & ſec de nature de feu, gouverne le dos & les côtez eſt mauvais pour faire ſaignée.

Virgo eſt froid & ſec de nature de terre gouverne le ventre & les entrailles, ni fort bon ni fort mauvais pour ſaigner.

Libra eſt chaud & humide, nature de l'air gouverne le nombril, les reins & la baſſe partie du ventre, & eſt bon pour ſaigner.

Scorpion eſt froid & humide, nature d'eau, gouverne les parties genitales & n'eſt ni bon ni mauvais pour ſaigner.

Sagitarius eſt chaud & ſec, nature de feu gouverne les cuiſſes & eſt bon pour faire ſaignée.

Capricornus eſt froid & ſec, nature de terre gouverne les deux genoux.

Aquarius eſt chaud & humide, nature de l'air gouverne les jambes, & n'eſt ni bon ni mauvais pour faire ſaignée.

Piſces eſt froid & humide de nature d'eau gouverne les pieds, & n'eſt fort bon ni fort mauvais pour faire ſaignée.

Aries, Libra, Sagittarius ſont trés-bons.

Cancer, Virgo, Scorpion, Aquarius & Piſces ſont indifferens.

Taurus, Gemini, & Capricornus ſont mavais.

On doit contempler par la figure les parties du corps humain sur lesquelles les Planettes sont regard & domination, pour garder d'y attoucher de ferrement ni faire incisions vaines qui en procedent, pendant que la Planette d'icelle partie sera conjointe avec une autre Planette maligne, sans avoir égard à aucune autre bonne Planette qui puisse empêcher sa mauvaise.

On peut contempler par cet histoire les os & jointures de toutes les parties du corps tant de dans que dehors la tête & du col des épaules, des bras, du haut du bras des mains, côté, de la poitrine, des hanches, de l'échinée, des cuisses, des genoux, des jambes & de pieds. Desquelles les noms & les nombres d'iceux seront dits cy-aprés, & elle est appellée histoire anomatique.

Les nom

*Les noms des os du corps humain , & le nombre d'iceux , qui en somme font deux cens quarante huit.*

PRemierement au sommet de la tête il y a un os qui couvre la cervelle, lequel les Bergers appellent os capital. Au test sont deux os prés d'icelui qu'ils nomment os parietaux , qui tiennent la cervelle close & ferme. Plus bas au cerveau est un os appellé couronne de la tête, & d'une part & d'autre sont deux pierreux. Dedans est l'os du palais , és parties de derriere la tête sont quatre os pareils , aufquels os tient la chaîne au col , les os de la mantibule deffous sont onze, & de la mâchoire deffous deux. A l'opposite du cerveau est un os derriere dit collateral. Les os des dents sont vingt-cinq , huit devant, quatre deffous tranchans pour couper les morceaux, puis quatre égus , deux deffus & deux deffous , dit canits , car ils femblent aux dents des chiens.

Aprés font quinze dents que nous appellons marteaux ou dents moulans, car ils moulent & mâchent ce que l'on mange & font en chacun bout des mantibules, un deffus & un deffous. En l'échine depuis la tête jufqu'aux bras font trente os appellez nœuds du col ou jointures. Et la poitrine devant font fept os. Es côtez font quinze côtes. Prés du col entre la tête & les épaules font deux os nommez fourchettes. Aprés font les deux os des épaules. De l'épaule jufques au coude en chacun bras est un os qui est dit adjutoire. Du coude jufques en la main de chacun bras font deux os qui font appellez cannes ou moignons. En chacune main font huit os. Au huau de la pomme font quatre os qu'on dit peine de la main. Les os des doigts en chacune main font quinze , en chacun doigts trois- au bout de l'échine font les os des hanches aufquels attachez les deux os des cuiffes. Et chacun genouil est un os qu'on appelle la plate du genouil. Du genouil jufqu'au pied en chacune jambe font deux os qui font circannins. En chacune est un os appellé cané. Et la plante de chacun pied font quatre os. Aprés le peigne du pied où font en chacun cinq os. Les os des arteils en chacun pied font quatorze. Deux os font devant le ventre qui fe tiennent ferme avec les 2. branches. Deux os font en la tête derriere les oreilles dit oculaires. Nous ne comtons point les os cencres des bouts des épaules ni des côtez, ni plufieurs petites épines d'os qui ne font aucunement comprifes au nombre des fufdits os.

*Cy finit l'Anathomie & nombre des os du corps humain.*

La veine du milieu du front veut être saignée pour les douleurs, maladie à la tête, pour fiévres, litargie, pour goutte & migraine.

Dessus les oreilles derriere il y a deux veines qu'on saigne pour donner clair entendement, pour ouyr clair, pour l'haleine engrossie, & pour crainte de ladrerie.

Aux temples y a deux veines dites arteres, pour ce qu'elles battent, on les saignent pour diminuer la grande abondance de sang qui est au cerveau qui pourroit nuir à la tête & aux yeux; laquelle saignée sert contre goutte, migraine, & à plusieurs autres accidens qui peuvent venir à chef.

Dessous la langue il y a deux veines qu'on saigne pour une maladie nommée équilance, & contre les enflures & apostumes de la gorge, & contre équinance, car une personne pourroit mourir faute d'une saignée.

Au col il a deux veines appellées originaux, pource qu'elles sont les cours de tout le sang qui gouverne le corps humain, & principalement le chef; mais on ne doit saigner sans conseil du Medecin, elle vaut à la lépre & fixe quand telle maladies sont principalement causées par maladies.

La veine du cœur prise au bras vaut pour ôter les humeurs ou mauvais sang qui pourroient nuire à la chambre du cœur ou à son appartenance & vaut pour ceux qui crache le sang & qui ont courte haleine.

La veine du foye prise au bras vaut pour ôter & diminuer la grande chaleur du corps de la personne & tenir le corps en santé, elle vaut contre toute fievre, jaunisse & apostumes de foye & contre plurefie.

Entre le maître doigt & le dedicial on fait saignée qui vaut aux douleurs qui viennent en l'estomach & au côté, comme bosses apostumes, & plusieurs autres grands accidens qui peuvent venir en ces lieux pour trop grande abondance de sang & d'humeurs.

Aux côtez entre le ventre & la hanche, c'est le flanc, il y a deux veines qu'on saigne, celle de la partie dextre comme hydropisie, & celle partie senestre pour aucunes douleurs qui viennent autour de la ratte, & on doit selon la personne qui est gras ou maigre bien regarder à quatre doigts de l'incision, & ne se doit point faire sans conseil du Medecin.

En chacun pied sont trois veines, dont il y en a une sous la cheville du pied par dedans qui s'apelle ophane, qu'on saigne pour divertir & mettre hors plusieurs humeurs, pour bosses & apostumes qui viennent au tour des aynes des femmes, pour faire venir leur menstruës bas, & aux fixe & hemorcïdes qui viennent aux partie secretes & autres maladies semblables.

Entre le bout du pied & le gros arteil il y a une veine qu'on saigne pour plusieurs maladies, comme épidimie qui prend soudainement par trop grande abondance d'humeurs, & faire cette saignée dedans un jour naturel, c'est à sçavoir en vingt-quatre heures depuis que la maladie est prise au patient, devant que le patient aye fiévre, & doit-on faire bonne saignée selon que le patient est disposé.

Aux angles des aynes sont deux veines qu'on saigne pour les yeux rouges ou larmoyeux, chassieux ou qui pleurent toûjours, & pour plusieurs maladies qui y peuvent venir par abondance d'humeur, & de sang.

Au bout du nez on fait une saignée qui est bonne pour le visage rouge bibeleux qu'on appelle chaleur de foye, comme sont gouttes, rognes, pistules & autres infections de cœur qui peuvent venir en celui par trop grande replection & abondance de sang & d'humeurs, & si vaut contre polipe du nez & contre maladies semblables.

En la bouche é gensives il y a quatre veines, à sçavoir deux de dessus & deux dessous, qu'on saigne pour échauffaison & chancre à la bouche, & pour mal des dents.

Entre la lévre & le manton il y a une veine que l'on saigne pour donner alégément à ceux qui se doute avoir l'halaine puante.

En chacun bras il y a quatre veines, dont la veine de la tête est la plus haute, la seconde aprés est celle du foye, la quatre est celle de la ratelle, autrement dite la basse veine du foye.

La veine de la tête prise au bras droit, on la saigne pour divertir l'abondance de sang qui pourroit nuire à la tête, ou aux yeux, ou au cœur, & dissipant les chaleurs & enfleures de la gorge, & à ceux qui ont le visage enflé & rouge, & plusieurs autres maladies qui peuvent venir par trop grande abondance de sang.

La veine de la ratelle apellée basse veine, doit être saignée contre toute fiévre tierce & quarte, en icelle on doit faire plus larges playe & moins profonde qu'en nul autre veine, pource qu'elle pourroient prendre vent, & pour peur de plus grand inconvenient, un nerf qui est dessous que nous appelions lezard.

En chacune main il y a trois veines, dont celle de dessus le poulce se doit saigner pour ôter la grande chaleur du visage & pour beaucoup de gros fang & d'humeurs de la tête, cette veine évacuë plus que celle du bras.

Entre le petit doigt & le doigt medicial on fait une faignée qui vaut contre les fiévres tierce & quarte, & contre plufieurs autres empêchemens qui viennent aux aynes & à la rate.

Aux cuiffes il y a deux veines en chacune cuiffe, une au plat de laquelle la faignée vaut aux douleurs & enfleures des genitoires, & pour faire divertir & mettre hors du corps les humeurs qui font aux aynes.

La veine qui eft fous la chevilie du pied nommée fciau, la faignée vaut aux douleurs & maladies des hanches, pour faire feparer plufieurs humeurs qui ne fe veulent affembler en ce lieu, & fert aux femmes pour reftraindre leurs menftruës quand elles en ont en trop grande abondance.

*Fin de l'Anatomie & flebomie & des corps humains.*

CY devant nous avons parlé des Planettes & des parties de l'homme & de la divifion & nombre des os du corps humain. S'enfuit à connoître quand un homme eft fain ou malade, ou difpofé aucunement à maladie. Pourquoi il y a trois chofes par lefquelles les Bergers connoiffent quand une perfonne eft faine ou malade, où quelle eft difpofée à maladie. S'il eft fain, s'y maintenir & garder, s'il eft malade fe guérir & chercher remede. S'il eft difpofé à maladie fe garder qu'il n'y tombe, & pour fçavoir chacune defdites 3. chofes, mettent les bergers plufieurs fignes de fanté proprement eft temperence & égalité des quatre qualitez de l'homme qui font, chaleur, froidure, cheffer, & moiteur, lefquelles étant égales & & que l'une ne furmonte l'autre, à donc le corps de celui eft fain, mais étant inégales & que l'un domine l'autre, lors on eft malade ou difpofé pour l'être. Et font ces qualitez que les corps tiennent des elemens defquels font faits foffez, à fçavoir, de feu, chaleur, de l'eau froidure de l'air, moiteur & de la terre fechereffe, lefquelles quand l'une eft immoderez c'eft figne qu'on eft malade, & fi l'une détruit l'autre du tout, à donc on eft mort.

*Signes par lefquels les Bergers connoiffent l'homme être fain.*

LE premier figne à quoi les Bergers connoiffent l'homme être fain & bien difpofé en fon corps, c'eft quand il boit & mange bien felon la convenance de fa faim & foif qu'il a fans faire excés. Quand il digere bien-tôt ce qu'on a mangé & qui n'éforce point fon eftomach. Quand il truove bonne faveur en ce qu'il boit & mange. Quand il a faim & foif aux heures de fon repas. Quand il fe réjouit avec ceux qui font joyeux. Quand il jouë volontiers à quelque jeu de récreation avec fes compagnons. Quand il s'ébat aux champs pour prendre l'air. Quand il mange de bon apetit, beurre, fromage & lait de brebis. Quand il dort fans rêver

ni fonger. Quand il fe fçait lever & qu'il chemine bien. Quand il ne fuë
tôt & n'éternuë point. Quand il a bonne couleur au vifage & que fes
fens font bien difpofez pour faire operations comme fes yeux, regarder
fes oreilles à ouir, fon nez à fentir juxte, la convenance de l'âge & la difpofition de fon corps & aufli du tems. Ces fignes font ceux par lefquels
les Bergers connoiffent la fanté.

*Signes par lefquels les Bergers connoiffent quand on eft malade.*

Quand on ne peut manger ni boire & qu'on n'a point d'apetit à
l'heure du repas, où quand on ne trouve bonne faveur à ce qu'on
boit & mange, ou quand on a faim & on ne peut manger. Quand on ne va
pas à la chambre moderement comme on doit. Quand on eft trifte.
Quand on ne peut dormir ou prendre fon repos à droit. Quand les membres font pefant. Quand on ne peut marcher legerement & qu'on ne fuë
point fouvent. Quand on a la couleur jaune. Quand les fens, comme les
yeux, oreilles & autres membres ne font bien leur operations. Quand
on ne peut travailler. Quand on crache fouvent ou que les narines abon-
dent en fuperfluité d'humeurs. Quand on eft pareffeux en fes
œuvres. Quand on a le vifage les jambes ou les pieds enflez, ou quand
on a les yeux chaffieux ce font fignes qui fignifient l'homme être malade.

*Autres fignes qui démontre repletition de mauvaifes humeurs.*

Il eft bon de faire purger la repletition caufée par mauvaifes humeurs
afin qu'elle n'engendre maladies, & font connus par les fignes qui
s'enfuivent. Premierement quand on a grande rougeur au vifage, mains
& ongles, avoir aufli les veines pleines de fang ou faigner du nez trop
fouvent, ou avoir mal au front, quand les oreilles cornent, quand le ventre eft réfolu longuement, quand on a la lumiere trouble, manger & n'a-
voir nul appetit. Et tous les autres fignes devant dits font fignes par lefquels on connoit les corps être mal difpofé & avoir en humeurs corrompus & mauvais.

*Une divifion du tems & regime auquel les Bergers ufent felon que la faifon
& le tems le permet.*

Pour remedier aux maladies qu'on a & fe garder de celle qu'on doute
devoir avenir, difent les Bergers que le tems naturellement fe change quatrefois l'an & ainfi divifent l'an en quatre parties, qui eft le printems l'Eté, l'Automne & l'Hyver, chacune de fes parties fe gouverne
felon que la raifon permet à leur entendement & bien leur en prend.

Ainfi que les faifons fe changent de façon & maniere de vivre & difent
qu'il faut changer de viandes à caufe que le tems fe change en plufieurs va-
riétez. Or pour connoître le changement du tems felon les parties, confi-

derant le cours du Soleil par les douze signes, & disent que chacunes de dites quatres parties & saisons durent trois mois & que le Soleil passe par trois signez à sçavoir en Printems par Pisces, Aries & Taurus sont ce mois Février Mars & Avril que la terre & les arbres s'éjouissent & changent en verdure. En Eté par Gemini, Cancer & Leo, & ont les mois May, Juin & Juillet que les fruits de la terre & les arbres se grossissent & meurissent. En Automne par Virgo, Libra & Scorpion, & sont ces mois Acût, Septembre & Octobre, que la terre & les arbres déchargent fruit & feuilles & est le tems qu'on doit amasser les fruits. En Hyver par Sagitarius, Capricornus & Aquarius, & sont ces mois Novembre Decembre & Janvier que la terre & les arbres sont morts & dévêtus de feuilles & fruits, aussi de toute verdure quoique tout homme doit sçavoir & connoître les choses appartenantes en celle est juste & honnête pour son salut & pour le repos de sa conscience. Un bon berger doit sçavoir l'art & science d Bergeries, & pour bien gouverner ses brebis & les mener en bonne pâture & les sçavoir medeciner quand besoin est, & pour les tondre en saison, afin qu'il n'en vienne dommage à son maître. Celui qui laboure la vigne doit connoître les bois qui doives porter fruits, & couper le mauvais selon son tems & lieu lui donner les moyens necessaires afin que celui à qui elle appartient ne soit en dommage. Semblablemen un Medecin doit recevoir, penser & guerir les malades desquels il charge, sans ignorer la science de medecine.

Conséquemment un Marchand doit sçavoir, distribuer sa marchandis sans tromper autruy, non plus qu'il voudroit qu'on lui fit. Aussi les avocats & Procureurs doivent sçavoir les droits, que par leur faute justice ne soit pervertie. Un bon Juge doit connoître la diversité des parties, & icelles on les doit connoître qui a tort ou droit, & rendre à un chacun ce qu'il doit avoir. Un Prêtre ou Religieux doit sçavoir ses Regles & les observer, & sur tout doit sçavoir la Loy de Dieu & l'enseigner à ceux qui ne la sçavent pas, & ainsi de toutes autres vocations; car tout homme qui ne sçait sa vacation n'est pas digne d'y être & vit en peril & danger de son ame, la chose que tout homme doit sçavoir s'il a entendement & âge de discrétion, c'est s'il est en la grace de Dieu, combien qu'il soit fort difficile ca à Dieu seul la connoissance & on peut voir quelque conjoncture qui le démontrent, pour être crus par les Bergers & simples gens s'ils sont en l'amour de Notre Seigneur, pource ne se doivent aucunement reputer justes, & se doivent plus humilier & demander sa misericorde, qui fait les pecheurs devenir justes. Principalement on doit sçavoir cette science du tems qu'on veut recevoir le corps de Jesus-Christ; car qui le reçoit en sa grace eſt ſauvé & celui qui ne le recevra pas ainſi ſera damné. La premiere conjonĉture eſt quand on a nettoyé ſa conſcience & qu'on n'eſt coupable d'aucun péché mortel fait en volonté de le faire autrement. La ſeconde conjonĉture pour qu'on ſoit en la grace de Dieu, c'eſt quand on eſt diligent de bien obſerver ſes Commandemens & faire toutes bonnes œuvres. La troiſiéme conjonĉture eſt d'ouir très-volontiers la parole de Dieu, les Prédications & bons conſeils pour ſon ſalut. La quatriéme eſt quand on a contrition au cœur d'avoir commis quelque peché. La cinquiéme eſt quand on a bonne volonté de ſe garder de pecher au tems avenir, par telles conjonĉtures les Bergers & ſimples gens ſçavent s'ils ſont en la grace de Notre-Seigneur ou non. La ſixiéme choſe que tout homme doit ſçavoir, c'eſt connoître Dieu pour accomplir ſa volonté, & le Commandement par lequel il veut être aimé de tout ſon cœur, de toute ſon ame, de toutes ſes forces. Donc qui vent aimer Dieu le doit connoître, plus on le connoît plus on l'aime, parquoy cy-aprés eſt dit comme Berger & ſimples gens le connoiſſent, leſquels pour connoître Dieu de tout leur entendement & puiſſance, doivent conſidérer trois choſes.

La premiere, c'eſt qu'ils conſidérent la grande richeſſe de Dieu, ſa puiſſance, ſa ſouveraine dignité, ſa nobleſſe, ſa joye & ſa lieſſe. La ſeconde, qu'ils contemplent les merveilleux ouvrages. La troiſiême qu'ils conſidérent les innumérables bénéfices qu'ils ont reçûs & reçoivent de lui châque jour, & par ſes conſidérations on vient à ſa connoiſſance. Premiérement pour connoître Dieu, les Bergers & ſimples conſidérent la richeſſe qu'il a, car tous biens du Ciel & de la Terre ſont à lui, dont il eſt la Fontaine, le Créateur & le Maître & les diſtribue à un châcun. Secondement, il eſt Puiſſant, car par ſa grande puiſſance a fait le Ciel & la Terre, la Mer & toutes choſes qui y ſont, & les pourroit toutes défaire dans un rien s'il vouloit, par ſa puiſſance toutes autres ſont ſujettes & tremblent devant elle. Par la premiere de ces conſidérations l'on connoît Dieu être Riche pour rémunérer ſes amis. Et par la ſeconde on le connoît être puiſſant pour ſe venger de ſes ennemis. Troiſiêmement il eſt digne, car toutes choſes du Ciel & de la Terre lui doivent honneur comme au créateur qui les a faites: auſſi voit-on les enfans honorer leur pere deſquels ſont deſcendus par generation, & toutes choſes deſcendues par création lui doivent honneur & révérence, dont il eſt ſouverainement noble, mais nul autre que Dieu n'a richeſſe, puiſſance & dignité comme lui. Quatriêmement il a ſouveraine joye, car cette joye eſt plenitude de tous biens, & doit être la fin à laquelle nous devons eſperer de parvenir qui eſt de voir Dieu & l'avoir avec nous ſans fin. C'eſt la premiére conſidération que les Bergers &

simples gens doivent avoir. Secondement pour connoître Dieu en confidérant ses merveilleux ouvrages, la beauté des Etoilles qu'il a faites, & par ce on dit communément qu'on connoît l'ouvrier à l'ouvrage. Connoiſſons donc les ouvrages de Dieu, & nous connoîtrons ſa beauté & bonté, confidérons les Cieux qui eſt un trés noble ouvrage.

Auſſi devons confidérer de la Terre le trés merveilleux Ouvrage de Dieu, l'argent & pierres précieuſes, les fruits qu'elle porte, les arbres & bêtes qu'elle ſoûtient & nourrit de ſa ſubſtance. Confiderons la Mer, les rivieres & les poiſſons qu'elle ſoûtient & nourrit, le tems les élemens, l'air, les oyſeaux & tout pour le ſervice de l'homme. Auſſi confiderons que Dieu par ſa puiſſance a tout fait & bien ordonner ſes ouvrage & les gouverner par ſa bonté, & par cette maniere connoîtrons Dieu. Pour le connoître confiderons les benefices que nous recevons de lui; ils la voyent derriere non pas tout droit vers Orient, mais ſera tirée vers Septentrion, & une autre fois vers Midy & cecy eſt cauſes de la lativée du Zodiaque ſont les douze ſignes, & ſous lequel mouvement ſont les ſept Planettes.

*De l'Equinoxial & Zodiaque qui ſont au neuviéme Ciel, qui contiennent le Firmament & autre ſous lui.*

AU Concave du premier mobile les Bergers s'imaginent avoir deux cercles qui ſont réellement l'un délié comme un filet, lequel ils appellent Equinoxial, & l'autre large en maniere d'une ceinture large, qu'ils apellent Zodiaque, ces deux cercles se divisent également, mais non pas droitement, car le Zodiaque croît en biaix, & les endroits ou ils se croisent sont droits Equinoxiaux, Pour entendre l'Equinoxial quand on voit sensiblement tourner d'Orient en Occident, & cela est appellé mouvement journal, on doit s'imaginer une ligne droite qui passe parmi la terre avançant d'un bout du Ciel à l'autre en ladite ligne qui fait ce mouvement, & ces deux bouts sont deux points au Ciel qui ne se mouvent point, & sont appellez les pôles du monde, desquels l'un est sur nous prés de l'Etoile du Nord, qui toûjours nous apert, & est le pôle Artique ou Septentrional, & l'autre est sous terre toûjours musse, appellé pôle Autartique ou austral, au milieu desquels pôles au premier mobile est le pôle Equinoxial également distant d'une partie comme l'autre desdits pôles, & selon ce Cercle est fait le mouvement journal de vingt-quatre heures, c'est un jour naturel & est dit Equinoxial, pource que quand le Soleil y est; le jour & la nuit sont égaux par tout le monde. Le Zodiaque au premier mobile est comme une ceinture figurée des signes émaillés subtilement & bien composées d'Etoiles fixes Compôt d'un ordre admirable, auquel Zodiaque sont quatre principaux points qui le divisent en quatre égales parties, un haut dit Solstice d'Eté, où quand le Soleil est entré au Cancer, c'est le plus long jour d'Eté, un autre bas dit Solstice d'Hyver, pendant lequel le Soleil entre au Capricorne, c'est le plus court jour d'Hyver. Un autre moyen dit l'Equinoxial d'Automne, quand le Soleil entre en Libra au mois de Septembre, & l'autre dit l'Equinoxial du Printems, quand le Soleil entre en Aries au mois de Mars, lesquelles quatre parties divisées chacun en trois, sçavoir : Aries, Taurus, Gemini, Cancer, Leo, Virgo, Libra, Scorpion, Sagittarius, Capricornius, Aquarius, Pisces. Aries commence ou l'Equinoxial croise ledit Zodiaque, & quand le Soleil approche du Septentrion. Aprés vient Taurus & les autres, comme la figure cy-devant le demontre, chacun signe est divisé en trente dégrez, qui font trois cens cinquante dégrez, chacun divisé par soixante minutes, & chaques minutes en soixante seconde, chacune seconde en soixante tierces, & suffit aux Bergers cette division.

Les Bergers connoissent une variation subtile au Ciel, c'est que les Etoiles fixes ne sont pas sous les mêmes degrez des signes du Zodiaque, là où elles étoient lors qu'elles fûrent crées à cause du mouvement du Firmament qu'elles font contre le premier mobile en cent ans un degré. Parquoi le Soleil avoit autre regard à une Etoile, & autre signification qu'il n'avoit le tems passé, pource que l'Etoile a changé de degré du signe sous qui elle étoit, & cecy fait souvent faillir ceux qui pronostiquent & font jugement futurs.

Tous les cercles du Ciel sont petits, sinon le Zodiaque qui est large, & contient en longueur trois cens soixante degrés, & en largeur douze, laquelle est divisée par le droit milieu, six degrez d'un côté & six de l'autre, cette division est faite par une ligne nommée Ecliptique, qui est la voye du Soleil; car jamais le Soleil ne bouge de cette ligne, ainsi il est toujours au milieu du Zodiaque; mais les autres Planettes sont d'un côté ou d'autre, sinon quand elles sont à la tête ou à la queue du Dragon, comme la Lune y est deux fois le mois, & s'il advient quand elle se renouvelle, il est Eclipse de Soleil, & si c'est en pleine Lune & qu'elle soit sous le Nardit qui est vis-à-vis du Soleil, si c'est adroitement il est Eclipse generale, & s'il n'est qu'une partie on ne la point, quant à celle du Soleil on ne la voit pas par tout; mais pour celle de Lune elle est generale par toute la terre.

*Des deux grands Cercles, c'est à sçavoir Meridien & Orison qui entrecoupent & croisent directement.*

Meridien est un grand cercle qui passe par les poles du monde, & par le point droit sur nôtre tête, qui s'appelle Zenit, & toutes les fois que le Soleil est venu d'Orient jusqu'au Cercle il est midy. Parquoi est appellé Meridien; il fait la moitié sur terre, l'autre dessous, passant le point minuit droitement opposite au Zenit, & quand le Soleil touche la partie du cercle il est minuit. Si un homme va vers Orient ou Occident il a nouveau Zenit & nouveau Meridien, parquoi il est plutôt midi vers ceux d'orient, que vers ceux d'Occident, car si un homme est toujours en un lieu son Meridien est toûjours un, où s'il va contre Midy ou Septentrion, il ne se peut remuer qu'il n'ait autre Zenit, & ces deux cercles Meridien & Orison entrecoupent & croisent droitement. Orison est un grand cercle qui divise la partie du Ciel, que nous voyons de celle que nous ne voyons pas, & disent les Bergers que si un homme étoit au plat pays il verroit la moitié du Ciel. Tout Orison est droit ou oblique, ceux qui ont droit Orison & qui habitent sous l'Equinoxial de ladite Orison divise l'Equinoxial droitement par les deux poles du monde, tellement que nul n'est élevé ni abaissé sur l'Orison; mais ceux qui habitent ailleurs sous l'Equinoxial ont leur Orison Oblique; car l'Orison divise l'Equinoxial en biais, & leur apparoît en tout tems un des poles du mont élevé dessus leur Orison, & l'autre leur est toûjours si caché qu'ils ne le voyent point. Il est à savoir qu'autant qu'il y a de distance de l'Orison au pole, comme du Zenit de l'Equinoxial, & que le zenit est la quatriéme partie du Meridien au milieu de l'arc journal, duquel les deux bouts sont sur l'Orison. Exemple de l'Orison de Paris selon l'opinion dos Bergers, sur lequel Orison disent que le pole est élevé de 40 degrez ; parquoi le Zenit & l'Equinoxial sont de 48 degrez & que d'Orison jusqu'au zenit, qui est la partie du cercle Meridien il y a 60 degrez & du Pole jusqu'au zenit il y a 41 degrez, & du Pole jusqu'au Solstice d'Esté il y a 61 degré, & du Soltice jusqu'à l'Equinoxial 60 degrez qui est la 4 partie de la rondeur du Ciel, & de l'Equinoxial jusqu'au Solstice d'Hyver il y a 33 degrez, du Solstice jusqu'à l'Orison 18. Aussi seroit l'Equinoxial élevé sur l'Orison de Paris 41 degré, & le Solstice d'Eté 64 degrez, auquel Solstice est le Soleil à l'heure de midi du plus grand jour d'Eté, & lors il entre en Cancer & est le plus prés du zenit de Paris & antres de notre partie habitable, & quand le Soleil est au Solstice d'Hyver c'est le plus court jour de l'an à l'heure de midi, & entre en Capricorne. & n'est élevé ledit Soltice sur l'Orison de Paris que 18 degrez, desquelles élevations toutes facilement on peut trouver, mais qu'on en connoisse une seulement, & en chacune Region pareillement selon sa situation.

## Des grands Cercles du Ciel & des quatre parties.

DEux grands cercles sont au Ciel nommez coleure : qui divisent les Cieux en quatre parties égales & se croisent droitement passant l'un par les Poles du monde & par les deux Solstices, l'autre par les Poles aussi, & les deux Equinoxes. Le premier des petits est dit cercle artique causé du Pole du zodiaque en tour du Pole artique, & son pareil à l'oposite nommé cercle antartique, les autres deux sont nommez tropiques, l'un d'Eté & l'autre d'Hyver. Le tropique d'Eté est causé du Solstice d'Hyver commencement du Capricorne, & sont également distant l'un de l'autre. On doit noter que les distances du Pole artique & antartique sont égales, & sa distance du Pole tropique d'Eté à l'Equinoxial au tropique d'Hyver sont égales chacun de 23. degrez & demy ou environ, dont la distance de l'Equinoxial au tropique d'Eté, & du cercle artique, au Pole, fait 47 degrez, lesquels ôtez du quartier d'entre le Pole & l'Equinoxial où il y a 90. degrés, reste qu'il en demeure 43. qui est distance entre le tropique d'Eté & le cercle artique, pareillement entre le tropique d'Hyver & le cercle artique, & sont appellez petits, car ils ne sont si grands que les autres, toutefois chacun est divisé en 360. degrez comme le plus grand.

## Du lever & coucher des signes en l'Orison.

ORison & Hemisphemete different, car Orison est le cercle qui divise la partie du Ciel que nous voyons, de celle sous terre que nous ne voyons pas, & hemisphere est la partie du Ciel sur terre que nous voyons. *Item.* Orison est un cercle qui ne se mouve, sinon comme nous mouvons de lieu en autre ; mais Hemifphere tourne toujours;car une partie leve & monte fur notre Horifon,& l'autre partie couche & entre deffous. Equinoxial eft un cercle journal qui leve & couche regulierement autant une fois qu'autre , & tout en 4. heures.

Le Zodiaque cercle large ou fous les fignes fe leve & couche tout en un jour naturel;mais non pas regulierement ; car il fe leve plus en un jour qu'en un autre , parce que l'Orifon eft oblique & divife le Zodiaque en deux parties , dont l'une eft en tout tems fur nêtre Orifon,& l'autre partie deffous. Ainfi la moitié des fignes fe leve fur notre Orifon chacun jour tant foit long ou petit,& l'autre moitié la nuit.Parquoi convient que les jours font plus courts que les nuits,fe leve plus vîte que les longs jours, ainfi le Zodiaque ne leve pas regulierement en ces parties comme l'Equinoxial. Mais il y a deux fois l'an variation ; car la moitié du Zodiaque qui eft du commencement d'Aries jufqu'à la fin de Virgo,met autant de tems à lever comme l'Equinoxial,qui eft prés de lui & commence à lever auffi, mais la moitié du Zodiaque fe leve plûtôt que la moitié de l'Equinoxial, & cela eft appellé lever obliquement. *item.* L'autre moitié du Zodiaque qui eft commencement de Libra jufqu'à la fin de Pifces, & la moitié de l'Equinoxial qui eft à côté,foi commencement & laiffe à fe lever enfemble ; mais l'Equinoxial en cette partie fe leve au commencement plûtôt, & le Zodiaque plus éloifit & cela eft appellé droit qui eft toûjours plus levé de l'Equinoxial que le Zodiaque, & néanmoins finiffent enfemble. Exemple pour les deux mouvemens qui font dits, comme fi deux alloient de Paris à faint Denis & partiffent enfemble ; mais au commencement l'un chemine plus fort que l'autre,celui qui chemineroit plûtôt feroit le premier au milieu du chemin que l'autre ; mais fi celui qui avoit cheminé vîtement cheminoit à loifir & l'autre cheminât vîte,auffi-tôt feroient à S. Denis l'un comme l'autre. *Item.* La moitié du Zodiaque depuis le commencement du Cancer jufqu'à la fin du Sagittarius en levant apporte plus que la moitié de l'Equinoxial,tellement que cette moitié fe ieveroit tout droit,& l'autre moitié du Zodiaque fe leve obliquement.

### *De la divifion de la terre qui eft habitable.*

LEs Bergers divifent la terre habitable en fept parties qu'ils appellent Climats ,dont les noms s'enfuivent, Dyameteos Diaceres , d'Alexandrie,Diathodes, Diaromer, Diaboriftenes & Diatipheos,chacun a fa longueur & largeur determinée & tant plus font longs & larges & procedent en longueur d'Orient en Occident & largeur du Midi à Septentrion.

Premier Climat contient de long la moitié du circuit de la terre , qui eft deux cens lieuës. Le fecond Climat eft plus court & moins large. L troifiême plus que le fecond , & ainfi des autres pour l'apetiffement de la terre vers le Septentrion.

On doit fçavoir que Climat eft une efpace de la terre également large , dont fa longueur eft d'Orient en Occident, fa largeur eft du Midy juf-qu'au Septentrion. Un climat eft toûjours un artificiel d'Eté plus long ou plus fort qu'en autre climat,ce jour montre la difference qu'on peut con-noître & juger en difference des climats. Au commencement du premier climat le plus long jour d'Eté à 12 heures 45. minutes , & eft le Pole éle-vé fur l'horifon 12. dégrez 45. minutes , & au milieu du Climat le plus long jour eft de 13 heures, le Pôle élevé 16 degrez, & dure la largeur 1. heure 15 minutes du plus grand jour d'Eté, la largeur eft de deux cens vingt lieues de terre. Le fecond Climat commence à la fin du premier, le milieu où eft le plus long jour 13 heures & demie, le Pole eft élevé fur l'Orifon 24 degrés 15 minutes,fa largeur dure jufqu'à l'autre Climat, & contient la terrre deux cens lieuës juftement. Le troifiéme Climat com-mence à la fin du fecond,fon milieu où eft le plus long jour a 14 heures , & le Pôle eft élevé de 30 degrez 45 minutes; fa largeur s'étend jufqu'à l'autreClimat.Le quatriéme Climat commence à la fin en tiers,fon milieu eft le plus long jour & a 14 heures & demie,le Pôle eft élevé de 30 degrez 20 minutes , fa largeur dure jufqu'à l'autre Climat, & contient de terre 150 lieuës de largeur. Le cinquiéme Climat commence à la fin du quart , fon milieu où eft le plus long jour a 15 heures , & le Pôle eft élevé 41 de-gré 20 minutes, fa largeur dure jufqu'à l'autre Climat, & contient de ter-re 26. lieuës de largeur. Le fixiéme Climat commence à la fin du cinquié-me, fon milieu eft le plus long jour , le Pôle eft élevé de 45 degrés 3 mi-nutes , fa largeur de terre dure 106 lieuës. Le feptiéme Climat commen-ce à la fin du fixiiéme , fon milieu eft le plus long jour , le Pôle eft élevé de 48 degrez 40 minutes , & fa largeur contient 93 lieuës.

### *Une merveilleufe confideration des Bergers.*

SOit pofé le cas que felon la longitude des Climats on peut environner la terre tout à l'entour , en allant droit par devers Occident,tant que l'on fût retourné au lieu d'où l'on feroit parti , quelques Bergers difent que peu s'en faut qu'on ne faffe le tour,pourcequ'un homme fit ce tour en douze jours naturels allant regulierement vers Occident & ccommençât maintenant à Midi,il pafferoit chacun jour la douziéme partie du circuit de la terre & font 30 degrez,adonc conviendroit que le foleil fit un tour à l'entour de la terre & 3. degrez outre,avant qu'il retournât le len-demain au Meridien de celui homme, fon jour & nuit eft de 26 heures & feront plus long par la vingt-deux partie d'un jour naturel que s'il repo-

foit, dont s'enfuit qu'en douze jours naturels celui homme auroit tant
feulement onze jours & onze nuits & quelque peu moins, & que le Soleil
ne fe leveroit qu'onze fois, & ne fe coucheroit qu'onze fois, car onze jours
& onze nuits, chacun jour & nuit 23. heures font 23. jours naturels chacun de 23. heures. *Item.* Parfemblable confideration conviendroit qu'un
autre homme qui feroit ce tour allât vers Orient eut fon jour & nuit plus
court que le jour naturel de 2 heures, & ne feroit fon jour & nuit que de
31 heures. Donc s'il faifoit fon tour en même tems, fçavoir en 31 jours
naturels, enfuivroit par neceffité qu'il auroit 33 jours peu plus. Auffi fi
Jean faifoit le tour vers Occident & Pierre vers Orient, & Robert attendît
au lieu dont feroit partis l'un quand l'autre & retournaffent l'un quand
l'autre, auffi Pierre duroit qu'il auroit deux jours & deux nuits plus que
Jean & Robert qui fe feroit repofé un jour moins que Pierre & que Jean,
combien qu'ils euffent fait ce tour en 12 Jours naturels, ou en cent, ou
en dix c'eft tout un, & ceci eft à confiderer, comme Pierre & Jean arrive-
roient en un même jour, pofé que fût Dimanche, & Jean diroit il eft Samedy, & Pierre diroit il eft Lundy, & Robert diroit il eft Dimanche.

*De l'Etoile nommée Pommeau des Cieux ou Etoile de Nord, prés laquelle eft*
*le Pôle Artique, dit Septentrional.*

APrés ce que deffus eft dit, venons à parler d'aucunes Etoilles en par-
ticulier. Et premierement de celle que les Bergers nomment Pommeau ou Etoile de Nord, parquoi on doit favoir que femblablement voyés
le Ciel tourner d'Orient en Occident par le mouvement journal, c'eft du
premier mobile, lequel fe fait deux point oppofites qui font les Pôles du
Ciel, defquels l'un nous appert & eft le Pôle artique, l'autre eft fous terre que ne voyons pas eft l'antartique, prés du Pôle artique, nous appert
une Etoile que les Bergers appellent Pommeau des Cieux, par lequel ont
connoiffance des autre Etoiles & parties du Ciel. Les Etoilles qui font
prés de ce Pommeau ne vont jamais fous terre, & font celles qui font le
chariot & plufieurs autres, & ceux qui en font loin vont aucunes fois
fous terre comme le Soleil, la Lune & autres Planettes & Etoiles.

*De l'Andromede, Etoile fixe.*

Aries eft un figne chaud & fec gouvernant la tête & la face de l'homme
des regions Babilone, Perfe & Arabie, il fignifie petits arbres, & fous lui
au 16 degrez fe leve une Etoile fixe nommée Andromede, que les Bergers figurent une fille en cheveux fur le rivage de la mer, mife pour être
livrée aux Monftres qui en fortent? mais Pefant fils de Jupiter combatit de
fon épée le monftre & le tua, & fut délivrée ladite Andromede. Ceux qui
font nez fous la conftellation font en danger de prifon. Mais fi bonne Pla-

ne ttey regardent échapent la mort & prison. Aries eſt l'exaltation du
Soleil a ſeiziéme degré , & Aries maiſon de Mars avec Scorpius , en
laqu ı Mars s'éjouit le plus.

### De l'Etoile fixe nommée Perſeus , Seigneur de l'épée.

Taurus a les arbres plantes & autres, gouverne de l'homme le col & le
nœud du goſier. Et des regions, Ethiopie, Egypte & le pays d'entour, &
ſous ſon 22. degré ſe leve une Etoile fixe de la premiere grandeur,& s'appelle Perceus fils de Jupiter qui coupa la tête de Meduſe : laquelle faiſoit
mourir tous ceux qui la regardoient,tellement que par nul adreſſe ne s'en
pouvoientt garder, Les Bergers diſent quand Mars eſt conduit avec cette
Etoile ceux qui ſont nez ſous ſa conſtellation ont la tête tranchée, ſi Dieu
ne leur fait grace & appellent aucune fois ladite Etoile Seigneur de l'épée
& eſt figuré un homme l'épée à la main , & à l'autre le chef de Meduſe,
& eſt Taurus exaltation de la Lune au troiſiéme degré.

### De l'Orion , Etoile fixe & ſes Compagnons.

Gemini ſignifie largeſſe, bon courage,ſens, beauté & doctrine, & gouverne de l'homme les épaules, bras & mains. Et des regions Ingem, Armenie, Cartage & les moyens arbres,ſous ſon vingt-tois dégré ſe leve une
Etoile fixe nommé Orion& trenteſix autre Etoiles avec ſoi.Et eſt en figure d'homme armé vêtu d'un auberion & cint d'une épée, & ſignifie grand
Capitaine. Ceux qui ſont nés ſous ſa conſtellation ſont en danger de mort
violente, & être tuez en trahiſon, ſi bonne fortune en leur nativité ne les
ſauvent. Gemini & Virgo ſont les maiſons de Mercure, mais Virgo eſt
celle en qui s'éjouit le plus, & l'exaltation de la tête du dragon au troiſiéme degré de ce ſigne. *De l'étoile fixe que les Bergers appellent Albabur.*

Cancer domine les arbres longs égaux du corps de l'Homme, la poitrine, le cœur, l'eſtomach, la ratelle & le poulmon. Des regions Armenie
la petite , & la region d'Orient & ſe leve deſſous lui au douziéme dégré une Etoile fixe que les Bergers appellent Albabor , ou grand Chien,
& diſent que ceux qui ſont nez ſous ſa conſtellation,& qu'elle eſt l'aſcendant ou au milieu du Ciel, ſignifie bonne fortune , & ſi la Lune eſt avec
elle & la partie de fortune, celui qui y ſera ne deviendra riche & eſt
Cancer maiſon de la Lune & exaltation de Jupiter au quatriéme dégré.

### De l'étoile fixe nommée cœur de Lyon.

Leo gouverne les grands arbres,c'eſt-à-dire qu'il ſignifie l'homme trés-
rigoureux, plein de courroux & d'angoiſſes, du corps de l'homme garde
le cœur promptement,dos & côtez,& des regions Artratif juſqu'à la terre
habitable,& ſous ſon 24. dégré ſe leve une étoile nommée cœur de Lyon.
Et ceux qui ſont nez ſous ſa conſtellation,ainſi que diſent les Bergers,ſont

elevez en dignité, puis font reprimez & abaiſſez & en danger de perdre la
vie ; mais ſi une bonne Planette regarde ladite Etoile, ils ſont ſauvez de
grand peril. Leo eſt maiſon du Soleil, & Aries eſt ſon exaltation comme
dit eſt.

### De l'Etoile fixenthuleuſe & de l'Etoile Coupe d'or.

Virgo gouverne tout ce qui eſt ſemé en terre & ſignifie l'homme de bon
courage, Philoſophe, largeſſe & toute maniere de ſens & de l'homme regarde le ventre & les entrailles, des regions Alemagerita Aſſem, qui eſt
une region après Jeruſalem, Euphrates & Iſles d'Eſpagne, ſelon la longitude au 15 degré ſe leve une Etoile dite fixentuleuſe ou queuë du Lion,
& en latitude Septentrionale dudit ſigne de Virgo. Et ſous icelui ſe leve
une autre Etoile nommée Coupe d'or, & au 13 degré dudit ſigne vers la
partie Meridionale, qui eſt de la nature de Venus & de Mercure, & ſignifie à ceux qui ſont ſous la contellation ſçavoir choſes dignes.

### Du Porc eſpic, Etoile fixe.

Sous le ſigne de Libra qui domine les grands arbres & larges ſignifi
juſtice de l'homme, domine les reins & le deſſous du ventre & des regions
la Rominie & la Grece, ſous ſon 16 degré ſe leve une Etoile que les Bergers appellent Porc épic. Ceux qui ſont nez ſous ſa conſtellation ont bell
figure, ſont honnête, & font choſe dequoi les gens ſe réjouiſſent, & ſignifie richeſſes par marchandiſes honnêtes, & ſont volontiers aimez des Dames & Seigneurs. Libra eſt une des maiſons de Venus, & Taurus l'autre
où elle s'éjouit, qui eſt l'exaltation de Saturne ; car le tems commence à
venir froid au mois de Septembre, & Saturne Planette eſt Seigneur d
froidure qui ſe veut exalter quand il eſt en Libra.

### De la Couronne Septentrionale de l'Etoile fixe.

Sous le Scorpion qui Seigneurie les arbres qui ſont longs & larges, ſi
gnifie fauſſeté & du corps de l'homme gouverne les choſes dont a honte
& des regions la terre hoberge & a champ d'Arabie, en ſon deux degrez
ſe leve une Etoile appellée Couronne Septentrionale, laquelle étant e
l'Aſcendant ou au milieu du Ciel donne honneur & exaltation à ceux qu
ſont nez ſous ſa conſtellation, ſpécialement quand il eſt bien regardé d
Soleil : le Scorpion eſt une des maiſons de Mars en laquelle il s'éjouit
plus, & Aries eſt l'autre, auſſi le ſigne auquel commence Mars à choir d
ſon exalration.

### Du cœur du Scorpion Etoile fixe.

Sous le Sagittaire ſignifie l'homme plein d'adreſſe & ſageſſe, & gouver
ne les cuiſſe de l'homme, & des régions Ethiopie, Mahotomen & Ar e
nich, ſous ſon premier degré ſe leve une Etoile fixe de la premiere gran

deur que les Bergers appellent Cœur de Scorpion laquelle étant bien regardée de Jupiter où de venus éleve ceux qui font nez fous fa conftellation en grand honneur & richeffe, mais quand elle eft mal regardée
de Saturne ou de Mars, elle met ceux qui font nez fous elle à la pauvreté. Le Sagittaire eft maifon de Jupiter en laquelle il s'éjoüit le plus , &
Pifces eft fon autre maifon, & fi eft ledit Sagittarius en l'exaltation de la
queuë de Dragon.

### De l'Aigle volant, étoile fixe.

Capricorne fignifie homme de bonne vie, fage, cole & de grande trif-
teffe, & gouverne les genoux de l'homme & des regions, Ethiopie,
Arabon & Geamen jufqu'aux deux Mers, & fous fon 27. dégré fe leve
une Etoile que les Bergers appellent Aigle volant, qui fignifie les Rois
& Empereurs fouverains. Ceux qui font nez fous fa conftellation quand
elle eft bien regardée du Soleil & de Jupiter, font maintenus en Seigneurie & font amis aux Rois & Princes. Capricorne & Aquarius font
maifons de Saturne, mais en Aquarius Saturne s'éjoüit le plus, auffi eft
Capricornus exaltation de Mars.

### Du Poiffon Meridionale, étoile fixe.

Sous Aquarius qui regarde les jambes de l'homme jufqu'aux chevilles
des pieds, & les regions Hemenoth Alempha & une partie de la terre
d'Efpagne & une partie d'Egypte en fon 12. degré fe leve une Etoile que
les Bergers appellent Poiffon Meridionale, ceux qui font nez fous fa
conftellation font heureux en prêchericen la Mer de Midy, & fous les
fix degrez fe leve le Dauphin qui Seigneurie fur les chofes marines, fur
étangs & rivere comme dit eft. Aquarius eft maifon de Saturne en laquelle il s'éjoüit.

### De Pegafus qui fignifie Cheval d'honneur.

Pifces regarde de l'homme les pieds, & fignifie l'homme fubtil &
fage, de diverfes couleurs, & des regions de Tabafam, Jurgem & toute
la partie habitable qui eft Septentrionale, & fous lui au 16. dégré fe leve
une Etoile appellée Pegafus: c'eft le Cheval d'honneur & la figure en
forme d'un beau Cheval, ceux qui font nez fous fa conftellation font
en grand honneur entre les grands Seigneurs, & quand Venus eft avec
lui ils font aymez des Dames, mais quand ladite Etoile eft au milieu du
Ciel ou l'afcendant & Pifces eft une des maifons de Jupiter, & Sagittarius l'autre, en laquelle il s'éjoüit plus, & fi font lefdits Poiffons au
feptiéme dégré de l'exaltation de Venus.

M

LES Cieux, & pareillement la Terre peuvent être divifez en quatre partie, par deux
cercles qui fe croifent droitement fur les deux Poles, & croifent quatre fois l'E-
quinoxial, chacune de fes quatre parties, tant au Ciel comme en la Terre, que les Bergers appellent Maifons, & font douze, dont fix font ttoûjours chacune en fon lieu les
Signes & Planettes, tous y paffent une fois en vingt-quatre heures, trois des maifons
font l'Orient à minuit allant fur la terre. La premier, la feconde & la tierce, dont la
premiere fous terre commence à l'Orient, eft nommée maifon de Vie; la feconde de
fubftance & richeffes, la tierce qui finit à minuit maifon de patrimoine, la quinte eft
maifon des fils, la venant en Occident maifon de patrimoine, la fixiéme finit en Occident fous terre eft maifon de mariage, la huitiéme fuivant eft maifon de mort, la neuviéme finiffant à midy eft maifon de foi, religion & de peregrinations, la dixiéme commençant à midy contre Orient eft maifon d'honneur & de Royaume, la onziéme eft
maifon de vrais amis, & la douziéme finiffant fur terre en Orient eft maifon de charité,
mais cette matiere eft difficile, parquoi les Bergers s'en déportent legerement, &
leur fuffit de ce que dit eft avec la figure ici prefente.

*Saturne.*     *Jupiter.*     *Mars.*     *Sol.*

Qui veut sçavoir côme les Bergers sçavent quelle Planette regne chacune heure du jour ou de la nuit; & laquelle est bonne ou mauvaise, on doit sçavoir laquelle regne celui jour de la premiere heure temporelle du Soleil levant, le jour est pour celui Planette. La seconde heure est pour la Planette suivant, & la tierce est pour l'autre comme sont les figures par ordre, convient commencer du Soleil à Venus, Mercur à la Lune, & pour revenir à Saturne jusqu'à 12 qui est pour l'heure devant le Soleil couchant, & tout incontinent que le Soleil est couché comme la premier heure de la nuit qui est pour les 14 Et ainsi toûjours jusqu'à 12 heures de la nuit qui est l'heure prochaine devant le Soleil levant & vient droitement cheoir sur la 14 Planette qui est prochain devant celui du jour suivant, & ainsi le jour a 12. heures & la nuit autant, lesquels sont heures temporelles, differentes aux heures des horloges qui sont artificielles Les Bergers disent quê Saturne & Mars sont mauvais. Jupiter & Venus sont bons. Le Soleil & la Lune sont moitié bons & moitié mauvais. La partie de devers la bonne Planette est toûjours bonne, & la partie de devers la mauvaise. Mercure étant conjoint à une bonne Planette est bon, & avec une mauvaise est toujours mauvais, ils entendent cecy quand aux influences bonnes ou mauvaises qui sont desdites Planettes icy-bas.

M 2

**L**Es heures des Planettes sont differentes à celles des horloges, en tout tems sont égales chacune de 40. min. aussi celles des Plantes quand les jours & les nuits sont é-
gaux, mais si les jours croissent, aussi sont les heures naturelles, pour ce qu'il convient
en tout tems le jour avoit 12. heures temporelles & la nuit aussi, & quand les jours sont
plus grand les heures sont semblables, & quand ils sont petits les heures de la nuit
sont aussi petites; nonobstant une heure de nuit & une heure de jour ensemble ont 120.
minutes car ce que l'une laisse l'autre le prend, & aprés le jour des Planettes à Soleil
levant jusqu'au Soleil couchant, & tout le demeurant est nuit. Exemple. En Decembre
les jours n'ont que huit heures artificielles des horloges, & ils en ont 12 temporelles,
divisez les 8 heures artificielle en six parties égales ce seront douze fois quarante minutes, mais celles de nuit en ont quatre-vingt, car en celui tems les nuits ont 16. heures
artificielles, lesquelles divisées en douze parties sont quatre-vingt minutes, & les heures du jour quarante minutes qui sont soixante. Tellement que deux heures temporelles
ont autant que deux heures artificielle qui sont de chacun de 90. minutes. Le mois
de Juin est au contraire. Au mois de Mars & de Septembre toutes les heures sont égales
comme les jours sont égaux aux autres, mais tout par égales portion avec chacune Planettes ci-dessus nommée sont figurez les signes qui sont maison de cette Planette comme
dessus a été Capricornus & Aquarius, sont maison de Saturne, Sagittarius & Pisces,
de Jupiter Scorpion & Aries, de Mars, Leo, du Soleil, avec d'autres significations qui
seroient trop longues à raconter.

### *Enseignement du Pere au Fils.*

MOn fils je te donne à entendre
Ce que je sçay & puis comprendre,
Du Ciel & Astres qui y sont,
Quand je pense bien profond,
Je considere tous les signes,
Qui sont sus ou sous terre dignes,
Consequemment d'autres Planetes
Tant belles luisantes, claires nettes,
Je pense la Lune coucher,
Et du Soleil qui veux lever,
Je considere l'Orient,
Devers Midy l'Occident,
Septentrion & ce pommeau,
Des Cieux fort clair luisant & beau
Pour toute créature humaine,
Je veux montrer voye certaine,
A toi connoître & bien regler,
Comment dois gouverner,
Tu pourrois ici voir comment,
Tous Bergers sçavent surement,
Le naturel des sept Planettes,
Que Dieu ordonnè & faites,
En les suivant avec leur signes,
Tu trouveras belle doctrine,
Qui te donnent avisement,
De ton fait & gouvernement;
Car je te dis & si t'enseigne,
Que chacun porte son enseigne,
L'une est triste, l'autre est joyeuse,
L'une est fiere, l'autre est amoureuse,

L'une chaude, l'autre trés-froide,
L'une douce l'autre roide,
L'une venteuse, l'autre fraîche,
L'une est moüillée, l'autre seiche,
L'une arogante, l'autre bonne,
Ainsi comme Dieu leur ordonne,
Conclusion plaise ou non plaise,
L'une bonne l'autre mauvaise,
Saturne froid qui tient l'empire,
Des sept Planettes est la pire,
Et Mars chaud qui bien l'aperçoit,
Ne vaut rien mieux chose qui soit,
Jupiter bon aussi Venus,
Ces deux sont les premiers venus.
Mercure ploye à deux endroits,
Bon ou mauvais comme par droits,
Se trouve joint avec quelqu'autre,
Qui le fait tel que lui non autre,
Soleil & Lune ont les renons,
De moitité mauvais, moitié bons,
Ainsi sauras sans faire doute,
Leur mauvaistie, ou bonté toute,
Par la figure qui s'ensuit,
Connoîtras de jour & de nuit,
En chacune heure qu'elle Planette,
Regne selon que tu souhaite,
Et comme leur heures sont toutes
Autres tems longues autres courtes
Je te montrerai par figure,
De chacun sa vraie nature,
Parquoi sçauras pour verité,
Sa vertu & proprieté.

## S'ENSUIT DE SATURNE.

SAturne Planette nommée,
Suis sur les autres renommée,
Et mon haut Ciel plus noblement,
De tous & naturellement,
Donnant eau & grande froidure,
Sec & froid suis de nature,
En l'Ecrevisse veut venir,
Pour mieux à mes fins parvenir,
Et si ne peut environner,
Les douze signes ne passer,
Une fois seule tout conclud,
Qui n'y mette trente ans ou plus.

*De sa propriété.*

Saturne par sa fausse envie,
A toutes choses qui ont vie,
Est ennemy de sa nature,
Qui sous lui est né par droiture,
Est plein de mauvaise malice,
Avil & or de métier propice,
Et propre pour cuir courroyer,
Et pour toutes chose ouvrer,   .
De pain & de chair grand mangeur,
En sa bouche puante odeur,
Pesant, pensif, malicieux,
Triste, dolent & convoiteux,

De science mal est appris,
Dérober ou battre repris,
Chevaux a noirs & bien agus,
Et si n'est point trop fort barbu,
Petits yeux caut & seducteur,
Visage maigre grand menteur,
Pour secret assez convenable,
Et donner conseil profitable,
Sçaura parler choses antiques,
Histoire, battailles chroniques,
Grosses épaules, bas devant,
Mal engendré, mal advenant,
Grosses lévres, noirs couleurs,
Et celle qui lui est meilleurs,
Si fortune ne lui fait guerre,
Grand amasseur sera de terre,
Et fera grosse nourriture,
Basse sera sa regardeure,
N'aimera guere volontiers,
Ni les sermons ni les montiers,
Pays cheminera lointains,
Bon sera garder ses mains,
L'homme regarde sur deux parties,
Sur la tête & les ouyes.

## S'ENSUIT DE JUPITER.

JUpiter seconde Planette,
De Saturne clair & nette,
Fort chaude, claire vertueuse,
Et de deux signes gouverneuse,
Du Poisson & du Sagittaire,
Nul méchef on ne lui veut faire,
N'aucune perie ne dommage,
En l'Ecrevisse se soulage,
Et se maintient joyeusement,
Il fait son devoir seurement,

Dedans douze ans d'environner,
Les douze signes sans passer.

*De sa Propriété.*

Qui sous Jupiter sera né,
Benin & gratieux sera trouvé,
Sera riche & de grande Sustance,
Sage, discret plein de science,
Il aimera paix & concorde,
Bon jugement misericorde,
Joyeuse vie vraye verité,

eligions & équité,
outes choses ingenieuses,
onnoître pierre précieuses,
bondera fort en nature,
t de tous arts il aura cure,
voir aucune connoissance,
oudra que l'art de Nigromance,
e mesurer large & long,
e haut & aussi le parfond,
u visage blanche couleur,
ien peu couverte de rougeur,
ucune dents noires nez camus,
hauve sera & fort barbu,
es yeux grands & larges sourcils,
heveux crêpez grosse narines.

Choses qui sont délicieuses,
Odorantes & savoureuses,
Aimera fort le beau langage,
Net de corps & franc de courage,
Le drap aimera verd ou gris,
D'aucun ne sera repris,
Pour mal, mais sera tout plaisant
D'autruy ne sera mal disant,
De nobles faits entremetable,
Chantant, riant & veritable,
En marchandise droiturier,
D'or & d'argent grand trésorier,
Estomach foye oreilles feneftre,
Bras, ventre de l'homme gouverne.

## S'ENSUIT DE MARS.

MArs je suis Planette troisiéme,
Qui rien ay tout autre regime
haud & sec la barbe rousse,
olontiers & tôt me courouce,
'un de mes signes est le Mouton,
t l'autre est le Scorpion,
uand en eux je me puis retraire,
uerre & batailles je fais faire,
e l'Ecrevisse veux montrer,
our les signes environner,
ous les douze par ma vigueur,
asse en deux ans c'est mon droit
  heur.

*De sa proprieté.*
Quiconque sera né sous Mars,
plusieurs maux faire est épars,
est rouge & malicieux,
es yeux petits & noirs cheveux,
u tout s'adonne à faire guerre,
u un grand chemineur de terre,
aiseur d'épées & de coûteaux,

Batteur de fer ou de métaux,
Felon, dépiteux, plein d'injures,
Répandeur de sang par batures,
Démesuré trop en luxure,
Grosses bêtes nourrir acure,
Rousse barbe & rond visage,
Hideux regard & fier courage,
Barbier, Chirurgien pour saigner,
Playes & les dents arracher,
Sous Mars font nez que larcins,
Font qui épie les chemins,
Lt ceux qui font nourris sur paille,
Noises, débats, guerre, bataille,
Diligent & peu sommeil,
En toutes choses où il travaille,
Avec tout homme ne s'accorde,
Car en lui n'a misericorde,
Sa force à plusieurs maux s'encline,
Et en ses pieds a quelque une,
Jupiter de Dieu & de ses Saints,
Fort dangereuse ses mains,

Des biens d'autruy veut être,
De ce qu'il a est fiere & chiche,
Sur les couleurs aime le rouge,

Ou celle qui plus prés le touche
Du corps de l'homme soyez certain
Qui garde le fiel les reins.

## S'ENSUIT DU SOLEIL.

JE suis une Planette vermeille,
Nommée par tout le Soleil,
Et en suis toûjours les moyens,
De mes freres trés-anciens,
Chaud & sec suis de nature,
Du Lyon aime la figure,
Et en sa maison me retire,
Saturne n'est pas beaucoup con-
    traire,
Par la froideur & sans cesser,
Ma grande chaleur dût abaisser,
Les signes passent tant les jours,
En trois cens soixante six jours.

*De sa proprieté.*

Qui sous le Soleil sera né,
Beau de face sera trouvé,
Et le plus beau parleur du monde
Blanc de chair la face ronde,
Voudra dissimuler la vie,
Secret usant d'hypocrisie,
S'il s'adonne à quelque entreprise,
Bien pourra être homme d'Eglise,
Sçavant aussi de bonne foy,
Gouvernant d'autre que de soy,

Aimera deduit de la chasse,
Chiens & oyseaux pour sa largesse
Avoir voudra honneur science,
Chantera de voix à plaisance,
Haut courage, bien diligent,
Pour Seigneurs & non autres gens
Juge sera entre les sages,
Eloquent, plein de doux langage
Baillif, Prevôt ou Châtelin,
Point ne sera de cœur vilain,
Il vaudra à son Jugement,
Avoir d'autruy gouvernement,
Subtil sera en fait de guerre,
A lui viendront bon conseil guerre
Par femme aura un benefice,
Ou en Cour un de Seigneur office
Chez de gros acquerrera chevance
Pour son conseil & sa prudence
Son signe portera au visage,
Et sera de petit corsage,
Crêpez cheveux la tête chauve,
Et les yeux tirant sur le jaune,
De membres regarde le cœur,
Qui du corps tient le droit milieu

## S'ENSUIT DE VENUS.

VEnus je suis Planette nommée,
Des amoureux fort bien aimée,
Moite & froid suis de ma nature,
Deux signes sont toute mercure,
En eux je suis à ma plaisance,
C'est le Taureau & la Balance,
Mener je fais joyeuse vie,

Aux amoureux car Seigneurie,
Ay sur eux, Mars l'amortiroit,
Volontiers si pouvoit avoir,
En douze mois sans rien laisser,
par douze signes veut baiser.

*De sa proprieté.*

Quand sera né dessous Venus.

Amoureu

Amoureux gay fera tenu
Plaifant , joyeux à l'avenant
Yeux noirs peu brun, bouche riante
De clairons , trompettes & haubois
Voudra jouer car une voix
Aura bonne pour bien chanter
Pour ce voudra danfer fauter
Jouer aux échets & table
Et être longuement à table
Parler, manger , boire bon vin
Tant que foit yvre foir & matin
Aimeras Dame & tous beaux
Vêtemens & riches joyaux
Peintures, pierres précieufes
Fleurs & odeurs délicieufes
Veritables à la bonne foy
Autruy aimera comme foi

Large à fêtoyer fes amis
Peu de gens feront ennemis
Difpofé fera par façons ,
pour bien chanter toutes Chanfons
Tant eft propre & bien divifant
Que tout ce qu'il fait eft plaifant
Brun de face & bien formé
De corps & de membre orné
Vifage rond courte machoire
Noirs fourcils & barbe noire
Groffe perruque & trés fort noire
Quand il jure on le doit croire
Les reins auffi ce qui eft entre
Les cuiffes avec le petit ventre
C'eft un quartier fecret tenu
Etant la garde de Venus.

## S'ENSUIT DE MERCURE.

MErcure planette noble
Soit pour me venter agréable
Sec & plein fuis de grand chaleur
En deux fignes eft ma hauteur
L'un eft appellé Gemini ,
L'autre Virgo de grand foucy
Mande-luy par conditions
prends en Virgo & aux poiffons
point ne requiers avoir repos
J'ay les fignes paffé toûjours
En trois cens trente huit jours.

*De fa propriété.*

Qui fous Mercure fera né
De fubtile adreffe eft trouvé
Dévôt & bonne confcience
Et plein fera de grand fcience
Amis acquerra par labeurs
Hantera gens de bonnes mœurs
De marchandife & d'écriture

Aura foucy fouvent & cure
Des femmes il fera crié
N'aura foin d'être Marié
Voudra volontiers aimer Dames
Mais que de lui ne foient Dames
Bon Religieux fans feintife
Sera s'il eft homme d'Eglife
Auffi Marchand par Mer & terre,
N'aimera point d'aller en guerre
Or , argent & groffe chevance
Amaffera par fa prudence
Ou pourra être bon Ouvrier
D'aucun mécanique métier
Grand prêcheur, Réthoricien
philofophe , Géométrien
Bien aimera les Ecritures
Nombre & Manufactures
D'art de Mufique compofer
Draps , Toiles fçauras méfurer

Procurer d'aucun grand Seigneur En Justice grand plaidoyer,
Ou de ses deniers Receveur, Des autres dits contredifeur,
Haut front & aura longue face, Les cuisses & hanches regarde,
Vers yeux, barbe non point l'efpece C'est la partie du corps qu'il garde.

## S'ENSUIT DE LA LUNE.

LUne fuis, planette derniere,
Donnant fobrement la lumiere
Froide, moite de ma nature,
Suis la plus belle pour conclure,
En l'Ecreviffe eft ma maifon,
De moi tout roüés environ,
Quand je regarde bien mes mœurs,
Faire ne peux mauvais labeurs,
Car en le Scorpion defcend,
Qui en moi grand douceur com-
  prend,
Les douze figues fans fejours,
Environné en vingt-fept jours.

*De fa proprieté.*
Qui fous la Lune fera né,
Bon pour fervir fera trouvé,
Il aura la figure belle
Ronde, je n'en trouverai telle,
Fort fera doux & patient,
Et fuivra honnêtement,
Blanc, bien formé de corps affez,
Les deux fourcils amaffez,
Vêtu fera honnêtement,
Et vivra fort chaftement,
Le plus fera prefque toûjours
Vêtu de diverfes couleurs,

Le front lui fuera volontiers,
Sa couleur blanche peu rougie,
et toûjours fera chere lie,
Sur les eaux, fur mer & riviere,
Sçaura gouverner la maniere,
Sçaura auffi prendre poiffons,
Adreffe faire & des façons,
en fes dits fera veritable,
et aura beau maintien à table,
Fort & leger pour cheminer,
et fçavoir viande aprêter,
Bon pourfuivant, bon meffager,
Or & argent voudra forger,
Compagnie quera pour manger
Pour divifer & pour coucher,
Haine gardera par feintife,
Pourra fans couleur deffervir,
Pour parler contentera genie,
Autant comme autre pour argent,
Femme honnête aimera,
Autre non, & fi nourrira
Les fiens enfans de bon courage,
Sera plein & de beau corfage,
Le poulmon & le cerveau fort,
De bien garder eft fon effort.

*Fin des proprietez de la Lune.*

*Une queſtion & reponſe que deux Bergers font touchant la maniere*
*des Etoiles.*

AUcuns Bergers ſe recréant & paſſant leurs tems en faiſant diverſes
queſtions l'un à l'autre touchant la multitude des Etoiles, dont l'une
des queſtions eſt telle. Un Berger dit à l'autre, je demande combien d'E-
toile ſont ſous une douziéme partie du Zodiaque, c'eſt ſous un ſigne ſeulement répond l'autre Berger. Soit trouvé une piece de terre en plat païs,
comme eſt la Beauſſe en Champagne, & que cette piéce de terre aye trente
lieuës de long & douze de large. Aprés qu'on aye des cloux à tête groſſe,
comme cloux à ferrer rouës de charettes tant qu'il ſuffiſe, & ſoient iceux
cloux fichez juſqu'à la tête en cette partie de terre, à quatre doigts l'un de
l'autre, ſi que toute la piece ſoit pleine.

Je te dis comme ſont cloux fichez en cette piece de terre, autant ſont
d'Etoile ſous le contenu d'un ſigne ſeulement, & autant ſous chacun des
autres à l'équipolent ſous les autres endroits de tout le firmament. Le premier Berger demande, comment le pourrois-tu ? Le ſecond répond, que
nul n'eſt obligé ni tenu à prouver choſes impoſſibles, & qu'il doit ſuffire
au Berger touchant cette matiere, croire ſimplement ſans s'enquerir trop
de ce que les prédeceſſeurs Bergers ont dit & expoſé.

*Comme l'Auteur a décrit aprés la maniere comme les Bergers diviſent la*
*Phiſionomie pour connoître les conditions, tant des hommes*
*que des femmes.*

PHiſionomie de laquelle a été cy-devant parlé eſt une ſcience que les
Bergers ſçavent pour connoître l'inclination naturelle, bonne ou
mauvaiſe des hommes & femmes par aucuns ſignes en eux à les regarder
ſeulement, laquelle inclination quand eſt bonne on la doit ſuivre ; mais
quand effets & à cette fin les Bergers uſent de cette ſcience & non autrement, l'homme ſage peut être tout autre quant aux mœurs, que le ſignes
de lui ne démontrent. Auſſi la choſe démontrée quand eſt à vice n'eſt
point à l'homme ſage, combien que ſigne y ſoit, comme le bouchon du vin
peut-être devant la maiſon en laquelle n'y a point de vin ; car nonobſtant
que l'homme ſage de ſon entendement n'enſuive les influences mauvai-
ſes des corps celeſtes qui ſont ſous lui, pourtant ne corrompt pas les ſignes
& démonſtrations deſdites influences ; mais iceux ſignes ont domination
en ceux eſquels ils ſont pour avoir naturellement ce qu'ils ſignifient & démontrent, ſoit qu'on ne l'aye point. Parquoi les Bergers diſent que la plûpart des hommes & femmes ſuivent leurs inclinations naturelles à vertu,
parce que la plûpart ne ſont ſages comme devroient être, & ſ'en uſent
pas de la vertu de leur entendement, mais enſuivent la ſenſualité, & par

ainſi l'influence celeſte doit être démontrée par ſignes exterieurs , & de tels ſignes eſt la preſente ſcience de Phiſionomie , pour laquelle convient premierement ſçavoir que le tems a été diviſé par quatre parties , comme devant eſt dit , c'eſt-à-ſçavoir , en Printems , Eté , Automne & Hyver , leſquels ſont comparez aux quatre élemens. Printems a élement de l'air , l'Eté au feu , l'Automne à la terre , & l'Hyver à l'eau , deſquels élemens tous hommes ſont formé , ſans leſquels nul ne peut vivre. Feu eſt chaud & ſec. L'air eſt chaud & moite. L'eau eſt moite & froide. La terre froide & ſeiche , les Bergers diſent que la perſonne ſur qui le feu eſt Seigneur eſt de complexion colerique , celui qui ſur l'Air a Seigneurie eſt de complexion ſanguine , celui qui ſur l'Eté a Seigneurie eſt de complexion flegmatique , & celuy ſur qui la terre a Seigneurie eſt de complexion mélancholique.

*S'enſuit la figure deſdites quatre Complexions , & les noms comme s'enſuit.*

Le Colérique.　　　Le Sanguin.　　　Le Flegmatique.　　　Le Mélancolique.

LE Colérique eſt de nature de feu chaud & ſec , naturellement eſt maigre & greſle , convoiteux , colereux , hatif , écervelé , fou , malicieux , large de devant, subtil où il applique son sens, a vin de Lyon, c'est-à-dire, quand il a bien bû veut danser, quereller & battre volontiers, aime être vêtu de moyenne couleur, comme de drap gris.

Le sanguinaire a nature de l'air, moite & chaud, il est large, plantureux & attrempé, amiable, joyeux, chantant, riant charnu, vérmeil de visage & a gracieux, il a vin de singe, tant plus il boit & plus est joyeux, se tire près des Dames, & naturellement aime habits de belle couleur.

Le Flegmatique a nature froide & moite, il est triste, pensif, paresseux, pesant & endormi, caut, ingenieux, abondant en flegmes, volontiers crache quand il est ému, est gras de visage, & a vin de mouton.

Le Mélancolique a nature de terre, sec & froid, il est triste, pesant, convoiteux, médisant, soupçonneux, malicieux, paresseux, & a vin de porc.

Pour venir à propos de parler des signes visibles, nous commenceront à ceux de la tête, mais avant nous avertissons qu'on se garde de toutes personnes qui ont faute de membre naturel en eux, comme de pieds, de mains, d'œil ou d'autre membre tel qu'il soit, de boiteux & specialement d'homme sans barbe, car tels sont enclins à plusieurs vices, & s'en doit on garder comme de son ennemi mortel. Aprés ce les Bergers disent que les cheveux roux sont volontiers coleres & ont faute de sens, même sont de petite loyauté, celui qui a les cheveux noirs, bon visage & bonne couleur, dénote qu'il est affectionné à l'amour de justice; les cheveux rudes signifie que la personne aime paix & concorde, & est de bon adresse & subtil. Celui qui a les cheveux noirs & barbe rousse, signifie être luxurieux, médisant déloyal & venteux, les cheveux crêpez & blonds, signifie l'homme riant, luxurieux, trompeur, les cheveux noirs & crêpez, sigifie l'homme mélancolieux, luxurieux, mal-pensant & fort large, les cheveux pendant signifie un sens acompagné de malice. Quand une femme a les cheveux longs & épais, cela signifie qu'elle est robuste & avaricieuse. Celui qui a les yeux gros est paresseux, peu honteux, désobéissant, croit plus sçavoir qu'il ne sçait; mais quand les yeux sont moyens, c'est-à-dire, ni trop grands, ni trop petits, qu'ils ne sont ni noirs ni verds, tel est ingenieux courtois & loyal, celui qui a les yeux rare, gâtez & étenus signifie malice, vengeance & trahison, les yeux qui sont grands & ont grandes paupieres & longues, signifie folie, dur d'entendement & de mauvaise nature, l'œil qui se bouche tôt & a la vûe aiguë, telle personne est fraudeux & larron, de petite loyauté, les noirs & marquez parmi clairs & luisans, sont les meilleurs & plus certains, signifie sens & discretion, & telle personne est à aimer; car elle est pleine de loyauté, les yeux qui sont ardens & étincelans signifie gros cœur & puissant, les yeux blancs & charnus signifie la per-

fonne encliné au vice & à luxure, & qui eft pleine de fraude. Les Berger
difent que quand une perfonne les regorges fouvent eft bien honteux &
peureux, & en regardant femble qu'il foûpire & gemit en apparence e
fes yeux, lors ils font certains que telle perfonne les aime & défire l'h n
neur de celui qu'il regarde.

Mais quand on regarde en jettant les yeux de travers par fantaifie, tel c
un affronteur & ne tâche qu'à faire tort à fon prochain, telles fortes de pe
fonnes pourchaffent à ravir l'honneur des femmes, tant leur lubricité e
défordonnée, ceux qui ont les yeux petits, couffelets & aigus, fignifie
perfonne mélancolique, hardie, medifante & cruelle. Si une petite vein
apparoît entre l'œil & le nez de la femme, cela fignifie virginité, & e
l'homme fubtilité d'entendement, fi elle eft groffe & noir, fignifie corru
tion de chaleur & mélancolie en femme, & en homme âpreté, rudeffe & le
gereté de cerveau; mais cette veine n'aparoît pas toûjours; les yeux jau
nes fignifie ladrerie & mauvaife difpofition du corps, en outre grande
paupieres & longues fignifie rudes & dur d'entendement & luxure, le
fourcils qui font grands & joignent enfemble par deffus le nez, fignifie m
lice, cruauté, luxure & envie, quand les fourcils font longs & delié figni
fie fubtilité d'adreffe, fans loyal, les yeux enfoncés & grands fourcils p
deffus fignifie perfonne mal difant, mal penfant, qui boit trop, & volon
tiers applique fon efprit à malice. Touchant le vifage, quand il eft peti
maigre, le nez long & le col d'une longueur médiocre, fignifie la pe
fonne être courageux, hâtif & colere, auffi le nez haut & long par natur
fignifie hardieffe, le nez camus fignifie hâtiveté, luxure, hardieffe & êti
entrepreneur, le nez aigu qui defcend jufqu'à la lévre, fignifie la perfon
ne malicieufe, cruelle & déloyalle, le nez gros & haut au milieu, fignifi
homme fage & bien parlant, le nez qui a grandes narines & ouvertes, f
gnifie glouton & ire, en outre le vifage qui eft court & roux, fignifie la pe
fonne pleine de riole & de débat & peu loyal, le vifage ni trop long, ni tro
court, qui n'a grande graiffe & a bonne couleur, fignifie perfonne verit
ble, aimable, fage, de bon efprit & bien ordonné en toute chofes, vifag
gras & peu de chair rude, fignifie gloutonnerie, peu foigneux, négligent
rudeffe de fens & d'efprit, vifage grêlé fignifie la perfonne avifée par me
fure en toute les œuvres, vifage petit & court, qui a jaune couleur, fignif
la perfonne devôte, peu loyale, malicieufe & pleine de vergogne, vifag
long fignifie perfonne nuifant, peu loyale, dépiteux & plein de cruaut

Ceux qui ont la bouche grande & fendue eft figne de colere & hardieff
Petite bouche fignifie mélancolie, pefant d'efprit, groffier & mal-plaifan
celui qui a groffes lévres eft lourd d'entendement & faute de fens. Les l

vres grosses signifie qu'il est friant & menteur, d'avantage les Bergers font mention des dents & du parler, les dents serrées & menues signifie personne qui aime loyaument, luxurieux & bonne complexion, dents longues & grande signifie hâtiveté & ire. Grandes oreilles en la personne signifie folie ; mais est de bonne memoire. Oreilles petites c'est luxure & larcin. Celui qui a bonne voix est hardi, sage & bien parlant. Voix moyenne en la personne qui n'est trop enfantine ni trop grosse, signifie sens, pourvoyance, verité, droiture; la personne qui parle hâtivement & qui a petite voix, est personne de valeur. Grosse voix en femme est une mauvaise signification. Douce voix signifie personne pleine d'envie, de soupçon & mensonge, aussi la voix trop déliée est gros cœur & grande folie. Grosse voix signifie hâtiveté & courroux. La personne qui remue quand elle contrefait sa voix est envieuse & nice, yvrogne & mal conditionné. La personne qui parle attremblement sans se mouvoir est de parfait entendement, de bonne condition & de loyal conseil. La personne qui a le visage roux, les yeux chassieux & les dents jaunes, est personne peu loyale & de puante haleine. La personne qui a le col long & grêle est cruel, sans pitié, hâtif & écervelé. La personne qui a le col racourci est plein de fraude, finesse & de malice, même on ne s'y doit fier. La personne qui a long col & gras signifie gloutonnerie, force & de grand luxure. La femme, qui est hommace & a de grands membres & rudes est par nature mélancolique, inconstante & luxurieuse. La personne qui a gros ventre & long signifie peu de sens, orgueilleux, luxure. La personne qui a petit ventre & large pieds signifie bon entendement, bon conseil & loyal. La personne qui a les pieds larges & hautes épaules & courbes signifie prouësse & loyauté. Les épaules aigues & longues signifient tromperie, déloyauté & personne dénaturé, quand le bras est si long qu'il se peut étendre jusqu'à la jointure du genouil, signifie prouësse, large déloyauté, honneur bon sens & contentement, quand le bras est court, signifie ignorance de mauvaise nature & qui aime debat, longues mains, longs doigts & gros, signifie subtilité & personne qui a desir de sçavoir plusieurs choses. Grosses mains larges, gros doigts, signifie force, hâtiveté & hardiesse. Les ongles clairs & de bonne couleur, signifie sens & accroissement d'hôneur, les ongles hauts & longs signifie la personne avoir peine & travail, les ongles court signifie la personne avaricieuse, luxurieuse, orgueilleuse, pleine de sens & de malice, & le pied gros & plein de chair signifie personne outrageuse, vigoureuse & de petit sens. Petit pied & leger signifie dur d'entendement & peu de loyauté. Les pieds plats & courts signifie la personne fâcheuse, peu sage, mal courtoise. La personne qui va à grands pas & lentement signifie prosperer en toutes choses. La perſonne qui va à petits pas & tôt eſt ſoupçôneuſe, pleine d'envie & mau-vaiſe volonté. La perſonne qui a petit pied & plat & les jette en Enfant, ſignifie hardieſſe & de bon ſens, mais celle perſonne a beaucoup de diver-ſes penſées. La perſonne qui a chair molle n'eſt ni trop froide ni tiop chau-de, ſignifie être bien diſpoſée de ſanté, bon entendement, plein de loyau-té, accroiſſement de bien & d'honneur. La perſonne qui rit volontiers & a les yeux verds eſt débonnaire, ingenieuſe, loyale & ſage. La perſonne qui rit ſans occaſion eſt pareſſeuſe, mélancolique & ſoupçonneuſe. Les Ber-gers diſent qu'il y a divers ſignes en l'homme & en la femme qui ſont au-cunes fois contraire l'un à l'autre, on doit juger ſelon les ſignes du viſage, premierement aux yeux; car ce ſont les plus vrais & mieux avérez.

Pour le faire court, ils diſent que Dieu ne forma jamais créature pour habiter en ce monde plus ſage que l'homme, car il n'eſt condition ni ma-niere ſemblable à iceluy.

### *Les conditions des Bêtes apropices aux hommes.*

NAturellement l'Homme eſt hardy comme le Lyon, preux comme le Bœuf, large comme le Coq, avaricieux comme le Chien, dur & âpre débonnaire comme la Tourterelle, malicieux comme le Léopard, privé comme la Colombe, douloureux & batateur comme le Renard, ſim-ple & débonnaire comme l'Aigle, leger comme un Cheval, lent & pieux comme l'Ours, cher & précieux comme un Elephant, vil & pareſſeux com-me l'Aſne, rebel & inobedient comme le Roſſignol, humble comme le Pi-geon, fou & ſot comme l'Autruche, profitable comme la Fourmy, diſſo-lu & vagabond comme la Chévre, dépiteux comme un Faiſant, ſouef & doux comme un Pouſſin, muable comme le Poiſſon, luxurieux comme le Porc, fort comme un Chameau, traître comme un Mulet, aviſé comme la Souris, raiſonnable comme les Anges, & pour ce eſt-il appellé nouveau monde, car il participe de tout, où eſt apellé toute créature, car comme dit eſt, il participe & a condition de toutes créatures.

### *Dictes notables.*

Qui met du tout ſon cœur à Dieu  
Il a ſon cœur & s'il a Dieu,  
Et qui le met en autre lieu  
Il perd ſon cœur & ſi perd Dieu.  

Humble maintien & aſſuré  
Langage meur, amoureux veritable  
Habit moyen, honnête aſſaiſonné  
Froid en ſon fait, conſtant & raiſon-nable.

Hanter les bons, ſages, vaillans & preux,  
Réfection ſobre à heure briéve table  
Font homme ſage & à tous gracieux.  
Trop parler, peu dire & voir  
Trop cuider & peu ſçavoir  
Trop dépendre & peu avoir  
Ce ſont tous points de rien avoir.

*Les Bergers pratiquent leur Quadran de nuit comme vous voyez la figure.*

PAr la figure cy-aprés on peut connoître les heures de nuit en la maniere qui s'enfuit. Soit connuë l'Etoile que nous appellons pommeau du Ciel, & droit fous elle le Soleil à l'heure de minuit à l'endroit de l'Etoile fur la terre. Nous appellons angle de la terre, lequel quand nous voulons voir à l'œil regardons notre pommeau comme le fait, cette corde, & le bout du bas de la corde eft l'angle de la terre, & le Soleil eft droit deffous les grandes lignes qui traverfe l'Etoile eft la figure qui eft le pommeau des Cieux, fervent pour deux heures, & les petites pour une heure, mais encore fervent les lignes en changement de l'Etoile qui fignifie la minuit, & confequemment les autres, car grandes lignes fervent à un mois, & les petites feize jours. La feconde foit tenduë qu'on la voye droite fur le pommeau. Et notez aucunes Etoiles fous la garde qu'on puiffe toûjours connoître, & fera celle que tout le tems nous enfeigne les heures par nuit. Aprés imagine un cercle entour le pommeau, & la diftance de l'Etoile notée auquel cercle imaginez les fignes enfemble diftance comme ils font en la figure. Autant de diftance comme l'Etoile notée fera devant la corde, & autant feront d'heures devant minuit, & autant comme elle fera aprés la corde, autant d'heure aprés minuit. Il faut fçavoir que l'Etoile notée changera fon lieu en quinze jours, & la diftance d'une heure en un mois de deux, parquoi convient ren-

O

minuit en quinze jours plus avant de la diftance d'une heure, en un mois de deux, en deux mois de quatre, en trois mois de fix, fans qu'en fix mois l'Etoile notée qui étoit droite deffous le pommeau, & droite deffus, & en autres fix mois revient au point ou foit premier noté. Et ne doit pas changer cette Etoile notée, mais la doit on bien choifir entre plufieurs la plus comble & la plus facile à trouver entre les autres.

---

*Par cette Figure les Bergers connoiffent la nuit aux champs en tout tems quel heure il eft, foit devant minuit ou aprés.*

POur connoître de nuit l'endroit de midy comme celui de minuit, le haut Orient & le haut Occident, le bas Orient & le bas Occident, à l'endroit du Ciel que chacun figne leve. Les Bergers ufent de cette pratique.

Soit tendu une corde qui tienne par haut & par bas, puis une autre à plomb qui abaiffe jufqu'à ce qu'il foit tems de l'arrêter, qu'elle foit diftante l'une de l'autre, tellement dreffée qu'on voye l'étoile du pommeau au droit deffous les deux cordes enfemble, puis foit arrêtée la corde à plomb par haut & par bas. Qui voudra maintenant voir midi droitement, foit nuit ou jour, metre de l'autre partie des cordes, & verras le droit minuit, comme qu'il foit jour pour le plus haut point du Zodiaque au plus long jour d'Eté, foit vû le Soleil fous les deux cordes à l'heure de midy foit fi prés qu'on touche les cordes. Et note en la corde vers le Soleil la hauteur où on la veut, puis de nuit foient notez aucune Etoilles qu'on puiffe toûjours connoître en celui endroit, c'eft le paffage ou Soltice d'Eté.

Et quand les jours font au plus court, les Etoiles qu'on voit à minuit au point de midy, font droitement celles qui font proche du Soltice

d'Eté, lequel a le figne prochain vers Orient Cancer , & figne prochain vers Occident Gemini.

Et comme eſt dit du haut Soltice d'Eté, on pourra pratiquer le
bas Soltice d'Hyver qu'on voit ſur le midy quand les jours ſont courts
ſur l'endroit du minuit, & ſon prochain figne devers Orient eſt
Capricorne , & celui vers Occident eſt Sagittaire , on pourra noter le
haut & bas Orient , mais conviendoit qu'il fût quand les jours ſont
longs & petits , la diſtance entre les deux Orient diviſez en douze parties égales par chacune levent deux ſignes , par la partie prochaine du
haut Orient ſe leve Gemini & Cancer, par la ſeconde Taurus & Leo,
par la trois Aries & Virgo, par la quatre Piſces & Libra, par la cinq
Aquarius & Scorpius , par la ſix plus prés d'Occident, Capricornius & Sagittarius, & par pluſieurs autres choſes qu'on peut pratiquer au Ciel.

*Le Dragon volant ſaillant le Chemin de Saint Jacques.*

Utres impreſſions ſont comme feu flambant qui monte , autres
comme feu flambant qui va de côté & d'autres comme feu arrêté , & celui dure longuement.

D'autres ſont qui ſont mout grande flâme & ne dure pas mout longuement , ſont comme chandelles aucunes fois groſſes, aucunes fois
petites , & celle-cy ſe voyent en l'air & ſur terre comme une lance
ardente.

*Lance de feu*　　　　　　*Chandelle ardante.*

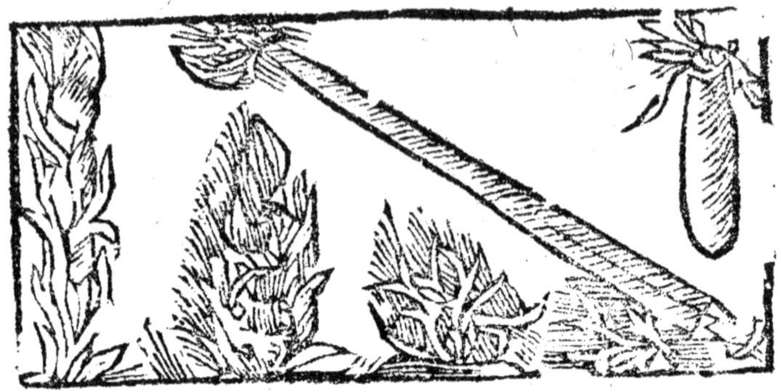

*Feu montant.*　*Etoilles ardantes.*　*Fourches ardantes.*　*Feu foy.*

LEs Bergers voyent encore des Commettes en une autre maniere, fçavoir en façon d'une colomne ardante & dure longuement.

Une autre façon d'etoile volante & tôt pafsée, mais la tierce eft Commette couée, laquelle dure plus, ils voyent cinq Etoiles erratiques qui ne vont pas comme les autres, & font celles qu'ils appellent planettes, mais font formez d'Etoiles, font Saturne, Jupiter, Mars, Venus & Mercure. Et ce voyent des etoiles qu'on appelle etoiles barbuës, d'autres cheveluës, & d'autres etoiles à queuë.

*Etoiles erratiques.*　*Commette coüée.*　*Etoiles volante.*　*Colomne de feu.*

Etoile cavée.　　　Etoile Cheveluë.　　　Etoile barbuë.

*Quatuor his cafibus fine aubio cadit adulter*

*Aut hic peperit, aut subito morietur,*

*Aut Cadatim causam quo debet judico vircit,*

*Aut quod membrum casu vel crimine perdet.*

COmbien que ces impressions cy-dessus semblent choses merveil-
leuses à gens qui ne les ont vûës. parquoi aucuns disent qui sont
en partie impossibles. Sçachez que l'on disoit l'an mil quatre cens
quatre-vingt douze le septiéme jour de Novembre, chose plus merveilleuse advint en la Cité de Ferrare de la hache d'Autriche, prés
d'une Ville nommée Enschim où faisoit ce jour tonnerre mout horrible ; en plein champ auprés de ladite Ville tomba une pierre de
foudre qui pesoit deux cens cinquante quatre livres, laquelle pierre
à présent est gardée en ladite Ville d'Enschim, & la voit qui veut.

*Cy aprés ensuit de la declaration des douze mois de l'année touchant de
la nature des hommes & femmes, & selon l'âge qu'ils peuvent vivre, soit
en sagesse ou folie, depuis leurs jeunesses jusqu'en leurs vieillesses, &
tout selon le cours de nature.*

IL eſt vrai qn'en douze ſaiſons,
Changent douze fois les enfans,
Ainſi que les douze mois,
Se change en l'an quatre fois,
Et chacun par cours de nature,
Tout enſuit la créature,
En change de ſix en ſix ans,
Par douze fois c'eſt douze tems,
Adonc ſe va geſir en l'ombre,
De vieilleſſe où il faut venir,
Qu'il faut donc jeunes mourir.

### Janvier.

Premier doit prendre ou cômencer,
Six ans pour le mois de Janvier,
Qui ni force ni vertu,
Quand l'enfant a ſix ans vêcu.
Tel eſt-il ſans nul bien ſçavoir,
Ni force ni vertu avoir.

### Fevrier.

Les autres ſix ans le font croître,
Adonc le prend un peu à connoître

Et être deux & amable,
Plaiſant, graticux & ſerviable,
Ainſi fait Fevrier tous les ans,
Qu'enla fin ſe prend le Printems.

### Mars.

Mais quand des ans a dix-huit,
Adonc ſe change à déduit,
Qui cuident valoir mille marcs,
Se comparant au mois de Mars,
En beauté change & prend valeur.

### Avril.

Lors vient Avril en ce beau jour,
Qui toute choſe réjoüit,
L'herbe croît & l'herbe fleurit,
Les oyſeaux reprennent leurs chans
Et auſſi à ving-quatre ans,
Devient l'homme fort vertueux,
Joly, gentil & amoureux.
Et ſe change en mainte état gay.

### May.

A trente ans va regnant en May,
Le plus plaiſant des douze mois,
Sur tous autres nommé Roy,
Ainſi devient-il homme fort,
A trente ans & ferme de corps,
Pour bien tenir l'épée au poing,
Puis va tenir au mois de Juin.

### Juin.

Trente ans ni plus ni moins,
C'eſt un mo s de grand chaleur plein
Et auſſi qu'à trente-ſix ans,
Devient l'homme chaud & boüillant
Et commence fort à meurir,
A cueillir & s'aviſer.

### Juillet.

Et quand vient à regner en Juillet,
On ne l'appelle-plus Juillet,
Qu'il a des ans quarente deux,
Ce mois a paſſé toutes fleurs,

De ce commence à décliner,
Auſſi ſe commence à paſſer,
La beauté d'une créature.

*Août.*

Qu'un homme à quarante-huit ans,
Aprés vient Août qui tout meure,
Or a mal employé ſon tems,
S'il a quarante huit ans d'âge,
Ne ſe change en matiere ſage,
Car adonc ſe doit aviſer,
Combien a des biens amaſſez,
Pour avoir repos & vieilleſſe,
Car en ce tems eſt de jeuneſſe,
Et ſe change en couleur de marbre,
Ainſi comme bled en gerbe,
Se change en ce mois d'Août,
Que de folie ne ſe remembre.

*Septembre.*

Et quand vient regner Septembre,
Il a des ans cinquante quatre,
Un ſeul on n'en pourroit rabattre,
Septembre je vous certifie,
Eſt une ſaiſon riche & jolie,
Car elle fait les bleds ſoyer,
Et on commence à vendanger,
Qui a des biens ſi les engagent,
Quand il a cinquante quatre ans,
Jamais il ne viendra à tems.

*Octobre.*

A ſoixante ans eſt riche l'homme,
Auſſi eſt la riche ſaiſon,
Du mois qui vient en Septembre,
On l'appelle le mois d'Octobre,
Il a ſoixante ans & non plus,
L'on devient caduc & chenu,
Si on eſt riche à la bonne heure,
S'il eſt pauvre ſe plaint & pleure,
Le tems qu'il a mal paſſé,

Lors ébahit par pauvreté,
Damne le corps & gâte l'ame,
Et avec chacun le blâme,
Pour les outrages qu'il a fait.

*Novembre.*

Or vient Novembre qui l'attrait.
Juſqu'à ſoixante ſix ans,
Que lors on voit tout devenir,
Les arbres ſi que tout en tout,
Ni demeure feuille ni fleur,
Toute verdure meurt & ſeiche,
Toute beauté perd ſa nobleſſe,
Celui qui a ſoixante ſix ans,
Apparoît bien, car il s'en va,
Et peut bien ſçavoir s'il a tort,
Que ſes hoirs deſire ſa mort,
Soit en ce tems ou pauvre ou riche
Car s'il eſt pauvre on le dit nice,
Et ſi ne peu gagner n'avoir,
On le voudroit bien voir mourir,
Afin qu'on pût le voir partir.

*Decembre.*

Au tems que vient en Decembre,
Tout lui appetiſſent les membres ;
Car il a ſoixante douze ans,
En ce mois ſe meure le tems,
Toute verdure perd ſa puiſſance,
Tous ébats ſont en déplaiſance,
Et tous enſeignemens c'eſt la ſomme
Qu'il ni a plus de plaiſance en
       l'homme
Il aimeroit mieux des chauds flancs
Que l'amour d'une Damoiſelle,
Bon lit & profonde écuelle,
Paſſé mainte Hyver & mainte été,
Et ſi vaut pire en l'an qu'en ran.

#### L'Auteur.

PAr les douze mois figurez,
Et les naturels raportent,
Selon que chacun a son regne,
Tout homme n'a pas grand regi-
    me,
Au monde bien peu de deduit;
Car la moitié s'en va par nuit.
Que l'homme dort & perd son tems
Jusqu'à quinze ans est en mourant
Autre cinq ans perdra saison,

*S'ensuit les dits des Oyseaux, comme
    entendent chanter & parler*

#### Premierement l'Aigle.

DE tous Oyseaux je suis le Roy,
Voler je puis en si haut lieu,
Que le Soleil de prés je voit,
Heureux sont ceux qui verrōt Dieu.

#### Le Chat Huant.

Chaque oyseau me chasse & déboute
Parquoi me faut aller de nuit-
De mes yeux de jour je ne vois gou-
    te,
Qui fait peché lui nuit.

#### La Caille.

Charité est tant en moy,
Que je ne me peux abstenir,
Je fais ce que faire ne doit,
Luxurieux doit mal finir.

#### La Hupe.

Manger ne veux sinon ordure,
Car en punaise me tient,
Si je suis de cette figure,
Beauté ne vaut rien si elle ne tient.

#### Le Fauçon.

On m'appelle Fauçon gentil.
Aucunes fois je fais ramage,
J'aime les grands & les petits,
Ainsi fit Dieu l'humain lignage.

par maladie ou par prison,
Demy le tems s'en va nuit,
Que l'homme dort n'est dit qu'il vit
Trente six ans que dormir monte,
Et quinze, cinq rabats du compte,
Seize en y a de demeurant,
Ne plus ne va l'homme regnant.
Si follement il se marie,
Jamais n'aura bien en sa vie,
Et quand il a joüé ses souhais,
Ainsi n'a gagné que les faits.

*les Pasteurs gardent leurs Brebis, les
en leurs langages.*

#### Le Butor.

Quand je veux dedans l'eau crier,
Je fais un si horible son,
Nul ne doit son mal publier,
Ne d'autruy blâme le renom.

#### Le Rossignol.

Quand ce vient ce beau tems de
    May,
Je suis joly & amoureux,
Et si je n'ay soucy n'émoy,
Qui craint Dieu il est bienheureux.

#### La Tourterelle.

Chasteté garde nettement,
Quand je n'ay point de compagnie
Vivre veux solitairement,
Cœur devot aime nettement.

#### Le gros Bec.

Si tu veux bien garder ta terre,
Garde de n'entreprendre guerre,
Tel est souvent bien haut monté,
Qu'on le voit puis en souffreté.

#### La Grue.

Ma compagnie aimer je veux,
Douce lui suis & débonnaire,
A la garder j'ai toûjours l'œil,
Le bon pasteur ainsi doit faire.

*Le Verdier*

### Le Verdier.
Sans faire tort ni dommage,
A voisins que j'aye nullement,
Je vis sans faire aucun outrage,
Biens viennent on ne sçait com-
    ment.

### La Cigogne.
Pour mieux vivre à ma plaisance,
J'aime mieux le peuple humain,
Des miens mourir j'ay souvenance
Chacun doit aimer son prochain.

### Le Pinson.
Le tems d'Hiver m'est fort côtraire
Car il me fait grand froid avoir,
Pour m'en garder que dois-je faire?
Rien ne me vaudroit le sçavoir.

### Le Phenix.
Seul au monde je vis longuement,
Et puis je meurs par droit divin,
Vivre revient hâtivement,
Les bons auront joye sans fin.

### La Pie.
Qui son secret voudra celer,
De chacun & en tous endroits,
Si se garde de trop parler,
Trop parler nuit aucunes fois.

### Le Plaisant.
Je suis pour créature humaine
Bon à manger & savoureux,
Qui viande veut plus certaine,
Dieu donne biens délicieux.

### Le Corbeau.
Souvent je pense en funerailles,
A cela n'est tout mon remord,
Ne m'en chaut comme il en aille
De l'ame, mais j'ai le corps.

### Le Haubert.
Haut & bas je vais pourchasser,
Où je prendrai ma nourriture,

### Quand je vois les Chasseurs chasser,
Prêt je me tiens pour l'aventure.

### Le Cormorand.
Sage n'est pas la créature,
Qui vit au dommage d'autruy,
Dieu fera à chacun droiture,
Nul mal ne demeure impuni.

### L'Hyrondelle.
Mes petits je guéris des yeux,
Et fais qu'ils voyent clairement,
Qui veut voir le Roy des Cieux,
Lui convient vivre loyaument.

### La Corneille.
Ne veuillez pauvres dépriser,
Si l'on parle de ton profit,
Fait le bien dequoi il s'agit,
Car c'est pour te bien aviser.

### L'Etourneau.
Point ne vais en Normandie,
Pource qu'il n'y croît nul raisins,
Rien n'est si bon, quoi qu'on en die
Que d'être prêt de ses voisins.

### Le Paon.
Quand je vois ma belle figure,
Orgueilleux suis, hautain & fier,
Mais telle beauté peu me dure,
On ne doit autruy mépriser.

### L'Alloüette.
Lors que le tems est pluvieux,
Et qu'il se veut tourner en chaud,
Un chant je chante gracieux,
Et rends grace au Dieu d'enhaut.

### L'Oriot.
Quand cerises sont en saison,
Je dis, *Confiteor Deo,*
Mais rien ne vaut confession,
Qui ne fait satisfaction.

### Le Cigne.
Chanter je sçai bien en ma vie,

Chant qui eſt fort mélodieux ,
Quand je meurs point je n'oublie,
Qui bien vit doit mourir joyeux.

### Le Cocq.

Hardi je ſuis & liberal ,
Me maintiens toûjours en ce mon-
de ,
Amoureux ſuis , cordial ,
Charité en tous biens abonde.

### La Poulle.

Toûjours ſuis embeſognée
Pour le profit de la maiſon ,
Des œufs je fais maints en l'année ,
Et des poulets en la ſaiſon.

### L'Oye.

J'aime mon maître & ma maîtreſſe
Sur ma plume dormant au lit ,
Aprés auront ma chair & graiſſe ,
Ce leur ſera un grand profit.

### Le Canard.

Toûjours j'ai le bec en l'ordure ,
Car je me plonge en ord lieu ,
Ainſi fait qui vit en luxure ,
Aveugle eſt-il qui ne craint Dieu.

### La Ganette.

Je vais, je viens par ces ruiſſeaux ,
Et barbotte comment qu'il aille ,
Si on lave tripes & boyaux ,
M'en demeure quelque vituaille.

### La Pivoine.

En tout tems je ſuis par nature ,
Simple & fait de belle maniere ,
De noir toûjours eſt ma vêture ,
Simple gens font grand'chere.

### Le Chardonnet.

Ma robe eſt de pluſieurs couleurs ,
Mais le bonnet eſt d'écarlatte ;
De ma femme je ſuis jaloux ,
Et ne la laiſſe point ſeulette.

### Le Paſſereau.

Priſé je ſuis de nature ,
Car je me tiens entour les gens ,
De pauvre maiſon je n'ai cure ,
On ne priſe rien pauvres.

### Le Heron.

Je me tiens en lieux aquatiques ,
C'eſt le plus beau de mon déduit ,
Toûjours j'y trouve pratiques ,
Et ſi n'en mene pas grand bruit.

### L'Orfraye.

Je prends au poil & à la plume ,
Il ne m'en chaut mais que j'en aye ,
Prendre & ravoir c'eſt ma coûtume
Mais fol eſt qui prend s'il ne paye.

### L'Emerillon.

Tant que mon pouvoir peut durer
Je ne veux mes ſujets grever ,
Vivre du ſien c'eſt grand nobleſſe
Qui fait autrement autruy bleſſe.

### La Fovette.

Tout au long du jour me repoſe
En un trou je ſuis à délivre ,
Des oyſeaux, mais en la nuit cloſe
Je m'envole cherchant pour vivre

### La Perdrix.

Je me mets ſouvent en danger ,
Pour guarantir ma compagnie ,
J'en laiſſe le boire & le manger ,
Celui qui bien vit Dieu ne l'oublie

### La Trye.

Je chante & mene fête ,
Quand je ſens le doux tems venir
De faire mon nid je m'aprête ,
Je ne m'en pourrois pas tenir.

### L'Oiſez.  ( cher

Quand autres oyſeaux vont cou
Adonc il me convient vêtir ,
Pour aller ma vie pourchaſſer ,

Comme fait la chauve-souris.
### *La Beccace.*
Je ne repose jour ni nuit
En nul tems je ne suis oisive
Il est sage celui qui fuit,
Paresse car elle est perilleuse.
### *Le Pelican.*
Je suis d'une teile nature,
Quand je veux mourir pour miens,
La vie leur rend par morsure
Aussi fit Jesus-Christ aux siens.
### *Le Lauter.*
Je suis semblable aux Avocats
Rien je ne faits si je n'ay à boire
Pour néant on compte son cas
Car tels ont beau crier & braire.
### *La Chouette.*
Je suis tenue tant larronnesse
Que chacun fuit ma Compagnie
Ainsi est l'ame pecheresse
Par peché de Dieu fort bannie.
### *L'Epervier.*
Par dessus tous oiseaux de proye
Je suis de plus gentil lignage
Peu néanmoins me priserois
Qui moins se prise plus est sage.
### *Le Pivert.*
Je suis bon Astrologien
Car quand le tems se veut changer
Incontinent je le sens bien
Le corps me prend à fremier.
### *Le Lapegaut.*
Je suis verd en toute saison
Je ne change point ma livrée
Je ne vêts draps de toison,
Ce monde n'a longue durée.
### *Le Pivert noir.*
Par mon bec j'ay des arbres maints
Faits mourir que c'est dommage

Aussi ont fait plusieurs humains
Autres gens par leur langage.
### *Le Merle.*
En tout tems suis vêtu de noir.
Sur moi n'a aucune devise
Qui voudra Robe blanche avoir
Serve Dieu & aime l'Eglise.
### *Le Mauvais.*
Je suis d'une grande diligence
Pour pourchasser ma pauvre vie
Je ne demande or ni chevance
Tel est aujourd'huy qui demain de-
vie.
### *Le Cocu.*
Las je suis de mauvaise sorte
Car quand de manger j'ai envie,
Je mange celui qui me porte,
Et me nourri toute ma vie.
### *Le Chapon.*
A plusieurs gens vaudroit trop
mieux,
Qu'ils fussent châtrez comme moi,
Meilleurs feroient, moins vicieux,
Et plus en la grace du haut Roi.
### *Le grand Orfraye.*
Je ressemble aux enfans de Tours,
Je mange chair & poisson,
Mais il me faut faire maints tours,
Avant qu'aye ma provision,
### *Le Geay.*
On voit que moi au verd boccage,
Braire, crier, mon bec n'arrête,
Celui qui a trop de langage,
En lieu de bien ne dût point être.
### *Le Geay en Cage.*
Mon ventre fait que je babille,
Encore que sois emprisonné,
Qui ne veut être en ruine,
Doit sçavoir un métier utile.

*La Calandre.*

Coufine fuis du Roffignol,
Qui eft tenu tant geacieux,
Coufins affez amis de vol,
Coufins ne font bons que pour eux.

*Le Perdrieux.*

Les uns m'appellent le Perdrieux,
Les autres l'oifeau S. Martin,
En nul tems je ne fuis oifeux,
Ma journée commence au matin.

*Le Tirecelet.*

Je prend fouvent où je n'ay rien,
Ce n'eft pas vêcu loyaument,
Laiffe chacun ce qui eft fien,
C'eft de Dieu le commandement.

*Le Meffange.*

L'Ecriture dit qu'on ne doit,
Deprifer les petites gens,
Et que tel eft petit qui voit,
En fcience comme les grands.

*Le Pigeon.*

Pourtant fi je n'ai point de fiel,
Je ne laiffe pas à être ireux,
Tel fe montre plus doux que miel,
Qui felon eft dangereux.

*Pigeon Ramier.*

Je fuis un Sergent qui amaffe ;
Car j'adjourne tous mes voifins,
Quand je vois que l'Hyver ne paffe
Qui paiffent choux par les jardins.

*La Colombe.*

Devant tous les oifeaux je fuis pure,
Pour fimple & de bonne matiere,
Quand durant le tems du déluge,
Je fus leur bonne méffagere.

*Le Vautour.*

Ha ! je fens de plus de fept lieuës,
S'il y a fur les champs des morts,
Afin que mes religieux

Et moi allions quérir le corps.

*La Corneille.*

Je chante fort prés des Mûniers,
J'amende d'eux affez fouvent,
S'il y a des bleds aux greniers,
Ils en auront foit pluye ou vent.

*Le Roitelet aux bois*

Seigneur, confeil veux demander,
Afin qu'amour puiffe conquerre,
Et auffi maintenir ma terre,
Qu'en paix puiffe toûjours regner.

*Le Heron.*

Il n'eft homme tant foit fubtil,
Qui puiffe rien prendre en mon aire
A ceux qui étoient en peril,
Dieu leur fut doux & débonnaire.

*La Trouillet.*

Diligence eft fi grande vertu,
Qu'on dit que paffe fapience,
Maintes perfonnes font vêtus,
Par fubtile adreffe & fcience.

*La Bergeronnette.*

L'Apôtre dit que nous fuyons,
Les œuvres qui font tenebreufes ,
Et que nous armions & vétions
Des armes de Dieu vertueufes.

*La Frezet.*

En tenebres faits ma journée,
Je ne veux clarté ni lumiere,
Celui ou celle eft détournée
De Dieu qui vit en telle maniere.

*Le Moineau.*

Aucun doit fon corps fouler,
N'accoler femme, ne bafer,
Si elle n'eft fienne, & fi elle déplaît
Toûjours n'eft pas tems de danfer.

*Le Martinet.*

Je vifite fort les eaux,
J'y trouve pour vivre pâture,

Ceux qui ont profits bons & beaux
Qui comme moi y mettent cure.

#### L'*Oytarde.*

Guéres de gens n'ont à moi part,
S'il y a aucuns qui trop tarde,
Souvent on dit matin & tard,
Il est bien gardé qui Dieu garde.

#### Le *Pingret.*

Meûniers & moi sommes tout un,
Car nous pêchons verons & loches
Mais les Meûniers n'est de cent un,
Qui volontiers ne prennent és pro-
                                    ( ches.

#### Le *Hibou.*

Je fais petits oiseaux trembler
La nuit tant fait un hydeux cry,
Du tout ne m'oserois montrer,
Car par eux je serois détruit.

#### La *Chauve souris.*

On m'a vû que j'étois plumé,
Mais pour un cas que j'ai commis,
Les oiseaux m'ont tout déplumé,
Et hors de leur compagnie mis.

#### L'*Autruche.*

Je digere acier & fer,
Sans me douloir de la poitrine,
Qui voudra éviter enfer,
Si ensuive bonne doctrine,
Je fais encore chose digne,
Quand pour mon regard seulement
De mes œufs je fais issir lignée,
Sans les toucher aucunement ;
Il n'y a sous le Firmament,
Oyseau de ma condition,
Mais Dieu qui ne faut nullement,
Moi & les miens regration.

#### Le *Papillon.*

Papillon suis en l'air volant,
Je veux me conduit à plaisir,
En vollant n'a petit enfant,
Qui sur moi n'aye vrai desir.

*Fin des Oyseaux.*

*De la maniere de connoître le tems par les Oyseaux, & de sçavoir du beau tems & de la pluye.*

Necessairement appartient & convient que le Berger ait connoissance du tems, & pour avoir de ce aucune enseigne, il doit avoir consideration de plusieurs choses.

#### Des *Etourneaux.*

En tems d'hyver advient souvent que les Etourneaux s'assemblent à grandes troupes & vollent ensembles ; aucunes fois s'assient sur un Ourmel ou autres grands arbres. Si doit le Berger avoir égard comment les Etourneaux se jettent de dessus l'Ourmel ; car quand ils se partent tous ensemble à une volée, ce signifie grand froidure, & s'ils partent par petites volées l'un après l'autre, c'est signe de pluye.

#### Du *Heron.*

Quand le Heron se leve de sa pâture, & il s'écrie haut au lever, c'est signe de doux tems. S'il vole contre le vent de bize, signifie grand froidure. S'il vole contre le vent d'aval que les Bergers appellent plongel, signifie pluye, & si le Heron au retour de son vol se rassie prés du lieu où il est parti, c'est signe que le tems dessus dit est advenir prochainement. S'il vole & se rassie loin de là où il se leve, la mutation dudit tems sera differée & n'adviendra pas si-tôt.

### De l'Hirrondelle.

Quand l'Hirrondelle vole haut & par loisir à long traits, signifie pluye, & quand elle vole bas & hâtivement près de terre, signifie pluye froide, & étant en l'air soi ébatant querant des mouches signifie beau tems.

### Du Huas.

Le Huas que l'on apelle écoufle, est un oyseau qui a coûtume de siffler & crier en l'air, & ce peut être pour deux causes : l'une est quand il a frimil, crie & si de plus aigrement, l'autre cause est à quoi le Berger doit avoir consideration qu'il fait au significat du tems. Car quand il crie plus bassement & mollement en disant, huy, huy, il annonce la pluye.

### De l'Espere.

De l'oiseau qu'on nomme l'Espere ou Pivart, on peut faire semblable jugement, comme il est dit de l'Ecoufle ou Huas ; car il crie bien hautement quand il doit pleuvoir.

### De la Verdiere.

Toutefois que la Verdiere met à point ses plumes & les applanit de son bec, vrai signe de pluye. Cette signification est souvent aprouvée par les Bergers qui ont égard audit oyseau, & est appellée Verdiere, pour la couleur de ses plumes à cause qu'elles sont vertes.

### Du Butor.

Un autre oyseau que l'on nomme Butor, aucuns l'appellent Bruitor, il a long bec, aigu & habite és marêts & és prez, sur les riviéres, ainsi que fait le Heron, & ne chante fort qu'en tems d'Eté, & est sa voix ouïe de bien loin. Quand il doit faire beau tems il chante hautement & donne si grand son & tel bondissement de sa voix que par nuit on le pourroit entendre de plus d'une demie lieuë de loin, & quand il doit pleuvoir, il chante plus bas & plus lentement, & ne rend pas si grand son.

### De la Pie.

La Pie qu'aucuns nomment Agache, est mout malicieuse, & en pronostication est une droite Sybile ; mais chacun Berger n'entend pas son langage, aucunefois par sa criée annonce le beau tems, & aucunes fois la pluye ; & combien qu'elle soit assez tricheresse, toutefois principalement quand elle brait & agache, & crie souvent continuellement, & se tient auprès des hayes ou buissons en demenant sa noise, signifie qu'il y a loup, renard, ou aucun mal assez prés.

## De la Corneille.

La Corneille annonce souvent la pluye par son cry, auquel le subtil Berger doit avoir égard; car il diffère en aucuns mots, & aucunefois au matin quand il doit pleuvoir il prononce une maniere de cry, qu'elle dit glaras, glaras & ce signifie pluye, mêmement quand il est prononcé par Corneille bize, que l'on nomme saisie, & vient toûjours contre l'Hyver, tems quand les Hirondelles partent de cette région, & aussi s'en va repondre quand les Hyrondelles viennent en la nouvelle saison, qui commence à l'entrée d'Avril; ces oyseaux & plusieurs autres qui volent en l'air sçavent du tems par la divine Providence, & aussi voit-on que les coulombs s'en retournent mout roidement en leur coulombier, & quand ils viennent ainsi volant en grand hâte signifie tempête ou grosse pluye advenir prochainement. Si doit le Berger considerer diligemment les choses dessusdites & assez d'autres qu'il peut apprendre pour sçavoir de l'état du tems & le gouvernement de son bestail.

*Comme le Berger se doit gouverner, tant pour sa santé que pour le regard de ses bêtes, aussi le remede pour guerir & empêcher qu'aucuns sorciers ne fassent mourir leurs troupeaux, ensemble toutes choses pour regler le Berger selon son art.*

## De l'utilité & profit de la connoissance de ces choses.

DU profit & utilité de ce Traité, nous lisons que Dieu tout puissant fit & créa les Peres de ce monde, des Cieux & des Elemens, & qu'il forma l'homme sur la terre, & qu'entre les autres grands dons qu'il fit à l'homme par sa grace il lui donna bêtes nommées ouailles, portant laine, & les soumit & abandonna à l'homme pour ses alimens & nourriture & pour autres necessitez à son profit. Et de ce parle le Prophête Roy David en son Psautier au septiême Verset du huitiême Pseaume. Dieu, ce dit il, tu as toutes choses soumises sous les pieds de l'homme, ouailles, bœufs & vaches, & tous les bestiaux des champs. Assez bon à croire & devons entendre, que la vie qui fait remuer l'esprit & le corps, par icelui nous est fus, & par eux gouvernée. En la nourriture & pâture nous est donnée des Elemens comme nous le voyons. Car nous usons des oiseaux & volatile de l'air, & des bêtes animalles, oüailles, des fruits, semences, plantes, herbes & racines de la terre, des poissons de la mer & des racines des caves douces. Le feu aussi est nécessaire pour chaleur, pour mouvement & conservation de la generation, pour recouvrer la corruption, pour cuire les viandes, pour aider à la digestion & autres choses de sa prosperité.

Or doit l'homme rendre grace à Dieu de tous ses benefices, & mêmement des oüailles qu'il a soumis comme dit est à l'usage & profit de l'homme, rend pour le don de Dieu qui fait les gens de si grand honneur & de telle dignité, qu'ils sont pour l'utilité des oüailles. Chacun Pasteur de quelle dignité, autorité ou prééminence qu'il soit, est tenu de garder & défendre ses oüailles & bêtes qui sont sous sa cure & en la subjection des ennemis visibles & invisibles, leur doit donner santé, & faire secours contre tout ce qui pourroit nuire, la raison & la cause mouvante de l'utilité & profit est très claire & profitable. Premierement de la laine & tonture de l'oüaille fait les draps, desquels les Rois, les Princes & grands Seigneurs & toutes les personnes de l'humain genre sont vêtus, & dequoi notre humanité est couverte. L'on peut changer les draps en plusieurs & diverses couleurs & teintures, pour draps de laine que l'on nomme écarlate pour faire les ouvrages & pour traitures de bêtes, de poissons, d'oiseaux, de fleurs, de feüilles & autres belles choses plaisantes à voir, & pouvoir apporter des draps de laine en telles parties de ce monde, qu'on les vendroit plus cherement que draps de soye. Et aussi est & doit être une brebis honorée & chere tenue pour le bien de sa laine, qu'un ver ou vermine convient la soye. Les peaux des oüailles, moutons & bêtes à laine dont nous parlons sont profitables pour faire parchemins à faire livre d'Eglises & plusieurs écritures & pour taner & corroyer en plusieurs manieres pour l'utilité de plusieurs, dont les particularitez seroient trop longues à mettre en écrit.

La chair de mouton & d'oüaille est bonne pour nourrir créature humaine. Les Ecoliers à Paris ou ailleurs, sçavent bien, & l'on en fait bon service à table plus communément que chair d'autres bêtes ni pour manger avec poirée & pour faire plusieurs viandes en tems convenable.

Les entrailles que l'on appelle tripes, & la tête de brebis, que les gens de Picardie nomment rabardeures. Les pieds, le foye, le poulmon, quand il n'est point blessé ni corrompu de dauves & d'autres mauvaises herbes & les autres choses de par dedans sont bonnes aux pauvres gens ; car plusieurs en prennent nourriture en suffisance.

Le suif & la graisse est propre à faire chandelle, onguens, pour la bonté & saineté de la bête. Les boyaux sont bons à faire plusieurs grosse cordes & menues, les autres pour mettre en arc, en spingales ou autre engins à jetter, au moins pour mettre aux instrumens dequoi on bat la laine pour la faire menuë pour la draperie que l'on appelle carchonnet. Les menuës cordes des boyaux bien lavez, seches & tors sont pour la mélodie des instrumens de musiques, des violes, des harpes, des luths, des

guittares

guittarres, & de rebecs, que l'on fait sonner par doigts & par archelets.
Dont pour la différence des choses & pour la variation des courages de
la maniere de vivre qui a été & est entre les brebis & les loups, bon seroit
à éprouver cordes de boyau desdits loups pour mettre en aucuns instrumens avec des boyaux de brebis ou de chevre, pour sçavoir s'ils se pourroient accorder ensemble & crois Lecteur que non. Le fiens des oüailles est
mout profitable à fumer & amander les terres, & pource les sages Labou-
reurs depuis le Printems jusqu'à la fin de l'Automne qu'il ne fait pas froid
de nuit, font tenir & gesir leurs oüailles aux champs pour engraisser les terres, & font en giron aussi comme en maniere de parc, & les meine le Pasteur successivement de lieu en autre petit à petit, & au lieu où elles font
emparchée, pour la garde, une logette de fût sur quatre roües en maniere
de borde portable, & en cette maisonnette gît le Pasteur de nuit & se peut
retraire pour la pluye, & il y a des chiens qui font le guet pour les oüailles
contre leurs adversaires, aussi comme il est dit au Livre d'Ezechiel, quelque part que les bêtes alloient, les loups alloient après elles; tout ainsi est-
il que quand les oüailles se remuent & que le parc va où il est mené avant
ou arriere du côté de la petite maison sur les roüelles & les suit, & est mené
aprés les bêtes, & ainsi font les terres engraissées & amenées aux fiens des
oüailles qui est mout profitable. D'autre part la crotte de brebis vaut mout
en medecine & est maintefois données aux malades en breuvages ou en
autre maniere pour leur santé recouvrer. Le suif de la laine vaut à laver,
nettoyer draps & autres choses souillées; aussi vaut-il à mettre aucunes
fois sur playes, apostumes & ulceres qui bien en sçai ouvrer. Par ces raisons & autres assez meilleures, que Jean de Brie ne fait pas mettre par écrit,
conclud & est assez suffisamment montré, que les oüailles font mout profitables, & par conséquent le traité ou doctrine est bonne, & le Pasteur ou
Berger est digne de grand honnenr comme il paroît cy aprés.

*De l'honneur & état des Bergers.*

**L**E métier de la garde des oüailles, est fort honorable & de grande autorité, ce peut-on prouver par nature & par sainte Ecriture. Par nature on voit communément que toute humaine créature est enclinée naturellement à aimer ce dont lui vient à propre & profit, & specialement
ce dont elle prend son vivre, ses alimens & sa contenance corporelle: &
plusieurs personnes sans nombre prennent sa nourriture & substantation
du profit & émolument des oüailles. *Item* par la sainte Ecriture & par les
figures des anciens est assez témoigné que l'on doit mout honorer l'état
des Pasteurs de la Bergerie: Car comme on dit en Genese. Abel fut le premier Berger des oüailles, offrant à Dieu des dons acceptables, & quand les

gens commencerent à croître & multiplier sur terre leur premiere chevance & leur premier gouvernement, dont ils montoient à puissance & honneur en état de vivre, fut la nourriture des bêtes. Les Patriarches & aucuns Rois anciennement furent Bergers & Pasteurs, & garderent les oüailles & bêtes à laines en leur propre personne. Il n'y a point de doute qu'aucuns Patriarches ne fussent Bergers, comme Abraham, Isaac & Jacob. Premierement Jacob, duquel sortirent les douze lignées d'Israël, fut long-tems Berger, & mout expert en la science & garde des oüailles ; car celui Jacob servit Laban son oncle, & garda les oüailles sept ans en esperance d'avoir Rachel fille dudit Laban. Et quand il faillit à son intention & que l'autre fille nommée Lia lui fut donnée au lieu de Rachel, il fut berger audit Laban encore sept autres années pour avoir ladite Rachel, & pour son loyer lui fut octroyé par ledit Laban, qu'il auroit toutes les brebis qui seroient tachées & grivelées. Si appliqua ledit Jacob sa maniere selon la condition de leur nature. Jacob leur mettoit au devant choses de diverses couleurs, il peloit d'un lez les verges & les bàtons de saulx ou autres arbres, & à l'autre laissoit l'écorce, pour donner imagination ausdites brebis, moutons en luitant & saillant, afin que les portieres en regardant la diversité conçussent faons & agneaux tachetés ou grivelés de diverses couleurs, & qu'ils demeurassent au profit dudit Jacob, dont par sa cautelle il fut mout enrichi. Juda fils de Jacob, duquel issirent les Rois d'Israël fut Berger. Il est vrai que quand il alloit faire tondre ses brebis en la saison, sa brun Thamar s'étoit reposée au chemin en une logette & s'étoit déguisée. Juda ne sçavoit pas que ce fût Thamar la femme de son fils, toutefois engendra-t'il lors en elle 2. enfans, Pharés & Zaram. Et depuis qu'il sçut qu'il avoit été trompé & qu'il avoit peché par fornication, il se répentit & ne voulut p'us retourner à ladite Thamar. Ce fait est bien à noter pour les Pasteurs, afin qu'ils se gardent de fornication. Moïse fut Berger & garda les brebis, & après qu'il eut tué un Egiptien & l'eut caché dans le sable, il s'enfuit en l'Isle de Cleopolos, & trouva lors Sephora fille de Jectro, le Prêtre de la Loy, laquelle avoit besoin d'aide pour abreuver ses oüailles, pour le chaud & la presse des Pasteurs qui étoient à l'entour du puits, & Moïse lui aida à abreuver ses bêtes, & depuis la prit pour femme. Moïse gardoit les brebis quand il vit le buisson ardent. David gardoit les brebis quand il fut élû pour aller combattre Goliath de Lethile fort Geant lequel il tua par la pierre qu'il jetta de sa fronde, & depuis fut David Roi d'Israël aprés Saül. Saül même avoit gardé les bêtes & les ânes & ânesses de son pere, nonobstant qu'il fut Roi. Cyrus fut Berger & garda les brebis, les Pastoureaux en firent leur Roi & venoient à lui aux jugemens, puis il fut

Roi de Perſe & de Medes & détruit Babilone la grande, & fit de grandes proüeſſes. On pourroit en rapporter pluſieurs autres; mais c'eſt aſſez parlé de ce ſujet, il faut donc porter honneur aux loyaux Paſteurs & Bergers qui entrent par le vrai chemin en la Bergerie, comme ont fait les ſuſdits nommez & autres.

### Des regles generales de cet art.

QUiconque ſe veut entremettre de Bergerie, il doit faire tenir & garder ſolemnellement les regles qu'icy aprés ſeront recitées generalement; car elles ſont néceſſaires.

Premierement. Les agneaux qui ſont jeunes & tendres, doivent être traitez amiablement & ſans violence, & ne les doit battre ni moleſter de verges ni bâtons, ni d'autres manieres de battures qui les puiſſent froiſſer; car ils décroîtroient & deviendroient chetifs; mais par introduction on les doit mener doucement & amiablement.

*Item.* Quand les agneaux ſont creus & nourris qu'ils peuvent ſouffrir diſcipline, ils doivent être menés & corrigez par la houlette de terre legere, ni on ne les doit moleſter juſqu'à tant qu'ils ayent été tondus la premiere fois, & on les doit laiſſer faire à volonté, & ainſi prennent-ils accroiſſement, car par legere correction ſe tournent à obéiſſance, & vont partout où le Berger les veut mener.

Les bêtes antenoiſes, portieres, brebis, moutons & tous autres, doit-on châtier & corriger d'eſcourgées de cuir, ou de cordes menues, pource que d'aucunes y a de ſi pareſſeuſes, que de leur gré ne veulent ſortir hors de l'étable. Si advient ſouvent qu'il en convient tirer aucuns demeuré par violence au crochet du bout de la houlette pour aller devant.

Et ſi on bat & frape les autres d'eſcourgées de cordes pour les émouvoir & hâter à ſuivre les autres, afin que le tout ſe parte de l'étable & ſortent par corgées & autres moleſte, convient corriger & contraindre aucunes qui ne veulent recevoir diſcipline ni venir à obéiſſance.

*Item.* Quand les oüailles repaîtent de leurs patis, mêmement au tems d'Eté, depuis Mai juſqu'en Septembre, les Bergers ne les doivent pas mettre és-étables & conduire tout le pas à loiſir, & les doit ombrager ſous un peuplier ou tilleu ou autre arbre ſpacieux ſi aucuns y en a prés des étables & bergeries. Et ſinon il y doit pourvoir par autres voye convenable pour l'aiſement des bêtes pour remedier à la chaleur. Le bon remede contre la chaleur des bêtes eſt de curer & nettoyer les étables, & ôter le fiens pour rafroidir les bêtes & les tenir fraichement. Et ſi c'étoit à la venue de phrangiere vers midi ou heure de none, & le Soleil jettoit les rais par l'huis de la bergerie. Le Berger doit clore l'huis & doit pourvoir d'eau fraiche pour jetter à l'entrée de l'huis ou ailleurs par l'étable pour le lieu rafroidir & donner temperance contre la chaleur aux bêtes & ouailles qui de leur natures sont chaudes & seiches en complexion , parquoi la chaleur leur nuit. Et toutefois tenu pour regle qu'au mois de May l'on ne doit pas curer les étables ni les bergeries, pource que les humeurs qui lors sortent de la terre plus abondamment qu'en autre saison se montant aux murailles des étables , engendrent corruption au bestail par mauvaises odeurs plus qu'en autre tems;car en tems d'Hyver la gelée degâte telles humeurs & senteurs , ne pouvant tant nuire comme en May. Et la raison est que la terre ouvre lors ses conduits, jettant les superfluitez de ses entrailles plus abondamment , si est le meilleur & plus expediens de laisser le fiens és étables aux ouailles audit mois de May que de l'ôter;car l'humeur de la terre qui engendre mauvais air és étables , n'a pas si grande vertu quand elle est couverte du fiens & de la penaisie engendre plusieurs maladies aux bêtes audit mois. Si y fait bon remedier pour laisser ledit fiens;car la fraicheur d'icelui fiens n'est pas si dangereuse que l'humeur corrompu de la terre comme dit est. Et de tous autres mois, excepté le mois de May , l'on doit curer les étables en chacun mois par deux fois ou plus , & qui plus le fait mieux vaut,pource que plus sont les bêtes tenus & gouvernez nettement,plus elles fructifient. *Item.* Le Pasteur doit tâcher & remedier de tout son pouvoir, que ses bêtes ne soient mouillées en nul tems pource que la pluye est contraire aux ouailles,les faisant décroître & empirer. Si se doit garder soigneusement qu'elles n'aillent à la pluye, qu'elle ne soient mouillées excepté au mois de May;car en May est bon que les ouailles ayent de la pluye avant qu'elles soient tonduës;car la laine en est plus nette, meilleure à tondre & vendable. Aussi la pluye qui tombe sur la laine avant tonsure engendre aux ouailles de bon suif,qui leur garde le corps ; mais d'autant que ladite pluye profite aux ouailles par avant tonsure , elle est dommageable en toute autre saison.

Et à tout tems le Berger doit conduire & reconduire son bestial & ouailles à leur profit , & les doit garder soigneusement & défendre de toutes les choses qui leur pourroient porter dommage. Toutes ces regles doit garder chacun Berger & aucunes autres qui sont nécessaire & convenable à cette doctrine , lesquelles seront données cy-ensuivant en special

### De connoître le tems par les bêtes.

ENcore pour connoître le tems après ce que dit est des oyseaux, il convient que le Berger sçache de l'augure des bêtes par certains signes. Premierement du Mouton chacun Bergers gardant ses ouailles doit avoir un Mouton mignon aprivoisé , auquel donne de son pain , lequel

Mouton par mignotifes, pour être mieux connu entre les autres, porte une fonnette ou petite cloche à fon col, pourquoi il eft apellé cloche-main.

Ce mouton de fa nature connoît partie du pronofticq de beau tems ou de la pluye; car quand il doit faire beau tems, il fe leve le premier & fort à l'huis de l'étable pour aller le premier en pâture. Quand il doit pleuvoir il fe tienr derrier les autres, & montre à fa contenance qu'il n'a pas volonté de fortir. Et au foir quand il vient à l'étable, s'il doit faire froidure il heriffe fa laine & fe fecouë tellement qu'on l'entend bien au fon de fa clochette. Aucuns difent que quand le chat lave fon vifage & léche fes pieds de fa langue, s'il met fon pied par deffus l'oreille, cela fignifie de la pluye; mais de fi horribles bêtes ne doit on pas parler en cette partie; car par plufieurs autres on peut avoir enfeignemens, les chevaux, les jumens, les ânes & âneffes, qui portent le charbon, les fruits & autres parties des denrées aux pauvres gens, rompent & ruent quand les mouches les piquent, & ceux qui les menent difent que c'eft figne de pluye & mutation de tems. Par meilleures & plus fubtiles raifons peut le Berger connoîrre du tems, parce qu'il convient que châcun jour en tems convenable il aille fur les champs mener fon troupeau en pâture. Et quand Phœbus qui par la clarté illumine le monde, cela démontre au matin és parties d'Orient. Le Berger le voit aller tout le jour par fon cercle, en faifant fon mouvement en foi élevant vers midi, ou aucuns l'appellent Aufter. Puis defcendre petit à petit jufqu'en Occident, & en faifant tel chemin en nôtre Hemifphere eft mené en mout & noble char, attelé de grands & puiffans detriers, de trésgrande valeur, que nuls hommes ne les pourroient eftimer. L'un de ces nobles chevaux qui menent le Soleil, eft nommé Eous, & vient devant l'aube du jour jufqu'environ l'heure de tierce, & pource que ces beaux chevaux fe montrent de plufieurs couleurs, le Berger doit confiderer que cet Eous appert vermeil & ardent au matin, fignifié pluye, & mutation de tems, & quand il fe montre plus blanc, c'eft figne de beau tems. Et les Pelerins qui cheminent en font fête quand ils les voïent. Aprés vient l'autre cheval qui eft nommé Etous, lequel fait fon fervice au Soleil environ l'heure de midi, & quand il fe montre pâle, c'eft figne de beau jour. Et aprés midi fort le tiers cheval atelé au char du Soleil, lequel cheval eft appellé Pirous, & à fon arrivée vient flamboyer & étinceler les yeux reluifans de celui Pirous, tellement que vûe de nature humaine ne le pouvoit pas regarder. Lors ne voilent pas les chauves-fouris; car elles ne pourroient pas endurer une fi grande lumiere qui fe repand à l'avenement des rayons du Soleil qui a ainfi fait fon cours. Et quand ces deux chevaux font trop chauds ou ardens; c'eft-à-dire, Eous, Pirous par leur puiffante chaleur attirent les vapeurs de la terre & de l'eau, les font monter en l'air, & étant ainsi élévée, elles s'assemblent & se tournent en nuées qui se forment des vapeurs de la terre, lesquelles nuées leur nature tendent à retourner en leur centre, & aucunes fois se tournent en gresil, selon la disposition des chevaux dessusdits vient la mutation du tems.

Or disons du quatriéme cheval que l'on appelle Philogeus, lequel fait son office en descendant ledit char du Soleil. Celui Philogeus tend volontiers vers les eaux ; car il sort contre le vêpre à lui, & à celui du matin doit le Berger prendre son augure pour connoître du tems & la saison que quant au matin le Soleil est verd ou trop ardent, c'est signe de pluye, s'il est blanc signifie beau tems, comme dit est aux Vêpres, quand Philogeus se va abreuver & mener le noble char du Soleil en l'eau, & quand il est trop blanc ou pâle au coucher, & environné de nuées noires ou épaisses, tout cela signifie pluye la nuit ou le lendemain, & lors que ce Philogeus en Occident est assez vermeil & l'air purgé de nuées, signifie beau tems, & le proverbe commun que l'on vouloit dire anciennement est tel, rouge soir & blanc matin, fait réjoüir le Pelerin, se concorde assez à l'exemple que les Bergers doivent prendre és chevaux dessusdits, & cette doctrine est plus vraye que celle des oyseaux & des bêtes, & si le Berger connoissoit bien les corps du Ciel & la cause des influences des signes & Planettes, ce lui seroit grand avantage pour avoir connoissance des choses ; car par les causes de cecy est causée la mutation des tems. Si Sans-terre, Jean de Brie, & toutes fois étoit sage, pour certain il connoît bien le rond des Etoiles.

### *De la consideration des vents, lesquels sont profitables.*

LA cause pourquoi le Berger doit sçavoir les vents, pour deux causes. L'une est pour la connoissance du tems dont cy-dessus est parlé, pource qu'aucuns vents sont plus enclins à la pluye que les autres. L'autre raison est pource qu'aucuns vents sont dommageables aux oüailles & les autres non. Les uns selon les charniers & les quatre climats du monde sont diverses en quatre parties, en Orient, en Occident, au Midi & au Septentrion.

Et pource que le Soleil ne fait pas toûjours son Orient au même lieu, aussi ne fait-il son Occident; car en tems Equinoxial, comme en Mars que le Soleil est au signe du Mouton, & en Septembre qui est au signe de la livrement apposite à droite ligne. Et lors pourroit-on faire quatre parties égales l'une à l'autre, & justement proportionnés durant le tems de l'Equinoxial. Autrefois en tems d'Eté, quand le Soleil étoit en l'Ecrevisse il faisoit son Orient plus vers le Septentrion, & aussi fait son Occident & tournoye la plûpart de nôtre Hemisphere, & est appellé Orient Solsticial. Autrefois en tems d'Hyver faisoit son Orient au signe du Capricorne & se

trait vers midi , & lors tourne moins ; car il ne gîte ni va plus haut ,
& de la partie dudit Hemifphere, & eſt appellé Orient hyvernal. Le vent
qui vient vers nous du droit Orient Equinoxial eſt apellé ſubſolain , les
Gregeois l'appellent Aphelores. De l'Orient Solſticial eſt un vent que les
Latins ne ſçavent nommer, les Gregeois l'apellent Vulture. Devers l'Occident Equinoxial eſt un vent nommé Favonius , qu'aucuns apellent Ze-
phirus. De l'Occident Solſticial vient un vent appellé Corus. De l'Occident de l'Hyver eſt un vent nommé Affricus, qui en ſon tems eſt puiſſant,
& les Gregeois l'appelllent Lybs. Devers l'eſſieu du Midi vient un vent
nommé Uronocus. Aprés la partie devers midi vient Eureauſter , & puis
un autre qui a nom Auſter. Du côté de Septentrion vient Aquilos qu'aucuns apellent Galerne, & de-là vient Nonplus , & de-là tirant vers Orient
Solſticial vient Boreas, un vent plein de froidure. Avec ces vents il y en a
aucuns autres nommés en mal-monde. Autrement pour mieux entendre
on les peut diviſer en quatre parties, & en châcune partie trois vents équipolent les Orient & les Occident, tant de l'Equinoxe, comme d'Eté ,
d'Hyver & autres ſaiſons. Entre Orient & Midi naiſſent trois vents, Eu-
rus , Subſolanus & Volturus. Entre Midi & Occident naiſſent trois autres, ſçavoir Eureauſter, Auſter & Euronochus. Entre Occcident & Septentrion naiſſent trois autres vents, Africus, Favonius & Chorus. Entre
Septentrion & Orient naiſſent trois autres, Notus, Aquilo, Boreas. Aucuns autres du côté de Normandie en nomment quatre vents principaux
à ſçavoir, Nord , Oueſt & Sud. Les Bergers l'appellent vent d'Amont ,
vent d'Aval , vent de Bize , vent d'Ecorcheveau, vent de France, vent de
Galerne, & ainſi qu'il leur plaît. Et pource que ces langages ſont de petite
valeur, & que grands accidens en pourroient avenir , de maniere qu'on
laiſſera à un chacun nommer les vents par tel langage qu'il voudra. Et
Jean de Brie retournera à ſon endroit & principal repos , & en procedant
dira les proprietés d'aucuns vents , leſquels ſont profitables ou dommageables aux brebis.

*De la proprieté du Berger , & des choſes qui lui ſont cotrnaires.*

EN cette partie commence le droit art & maniere de garder les brebis.
Et pource que le Berger eſt plus digne que les brebis , & le doit être
auſſi avec raiſon. Diſons donc que l'état de Berger doit être de bonnes
mœurs & doit éviter la taverne & le bordel & tous les autres lieux des-
honnêtes , & doit auſſi éviter tous jeux, excepté le jeu de marelles & de
bâton, & ne doit point joüer aux dez ; mais doit mener ſon jeu de marelles ſubtilement avec ſon compagnon.

*Item.* Le Berger doit être de bonne vie, ſobre, chaſte & débonnaire, ainſi que ſaint Paul l'écrit à Tite en ſes Epitres, & doit être loyal & diligent ſur la cure des brebis à lui commiſes, afin qu'il en puiſſe faire bonne garde & profitable.

Le Berger doit avoir chauſſes de gros blanchet ou de camelin, & ſouliers bobelinez & raçonnez de fort cuir, & en Hyver par deſſus ſes chauſſes doit avoir vagues de cuir de bunos, d'un vieux houſſeau pour la pluye.

Il doit être garni de raçons & de femelles de cuir bien pourpointez de gros fil de chanvre, bien ciré de poix blanche raiſine & de ſuif pour la durée, & doit ſçavoir aſſeoir les raçons & femelles en bobelins par deſſous le buiſſon quand beſoin eſt. La chemiſe & les braves du Berger doivent être de groſſes toiles fortes, que l'on apelle canevas, & la brayette doit être de fil tiſſu de deux doigts de large à deux bouts les rondes & du fer. La façon de la chemiſe doit être fenduë par devant à deux pointes, & les deux pans des devans doivent être amples & longs en la maniere d'un pennonce aigu, afin qu'il puiſſe mettre & enveloper ſon argent, & nouer le pain au droit nœud. Et ſur la chemiſe doit avoir un cauteron de blanchet ou de gris camolin ſans manches, lequel cauteron doit être doublé par devant les épaules juſqu'à la ceinture pour garder ſa feuille & ſon eſtomach de vent & tempête; car coûtumierement les brebis vont à contre vent, & pource doit être ledit cauteron doublé par devant, & ſur le cauteron d'avoir une cotte de blanchet ou de camelin gris à deux pointes, l'une pardevant, l'autre par derrier, ſi large & ſi ample qu'il y puiſſe entrer aiſément ſans boutons; car il ne lui apartient pas en avoir; mais y doit entrer de plein comme en un ſac, & pardeſſus la cotte doit avoir un ſurplis de fort treillis à manches, à quatre noyaux ou boutons, & de façon même de la cotte; ce ſurplis garde le Berger de la pluye, aucunes fois lui convient le dépoüiller pour enveloper l'agneau quand il eſt né aux champs.

Pardeſſus ſon ſurplis doit avoir une groſſe ceinture de corde menue & faut faire par maniere de treſſe ou trois cordons à une boule de fer ronde, & à cette ceinture y doit pendre pluſieurs choſes. Premierement y doit pendre ſa boëte à l'ongent en un étuy de cuir, & eſt à noter que le Berger ne doit non plus être trouvé ſans la boëte à l'onguent, que le Notaire doit être ſans écritoire; car c'eſt le plus néceſſaire de ſes inſtrumens & outils. Avec ce il doit avoir un canivet ou coûteau aigu pour picoter & ôter la rogne des brebis, afin que l'onguent y puiſſe mieux entrer, & que la brebis ſoit plutôt guérie.

Auſſi convient-il qu'il porte cizeaux pour couper la laine par deſſus la rogne. Le Berger doit porter alêne à coudre ſouliers, bobelins, femelles & talons, laquelle alêne doit être en un fût pour mettre le fer de l'alêne léne au milieu du manche, & pardessus doit attacher un anneau de cuir pour mieux serrer.

*Item.* A cette ceinture doit porter un étuy à mettre des aiguilles quarrées & rondes, lequel étuy est de l'os de la cuisse d'une oye menue & longue, ou de l'os d'un pied d'aignelet, & être mis & attaché avec le pendant de l'alène.

Encore doit le Berger avoir boisset ou coutel à forte alemele à trancher son pain, emmanché de deux pieces plattes de tillet ou d'autre tendre bois, & le manche doit être lié tout au long d'une menuë cordelette de fil bien serrée pour le mieux tenir & pour être plus fort : la gaine du coûteau doit être d'une vieille savatte ou de l'empeigne d'un vieux soulier de vache & bien cousue à la mesure du coutel : cette gaine doit être pendue à la ceinture d'une cordelette de gros fil de chanvre.

Aprés doit pendre à la ceinture un fourreau de vieux cuir megisse, ou de cuir de la peau d'une anguille pour mettre les flajaux du Berger, lequel fourreau doit être de la quantité des flajaux. Et pardessus toutes choses cy-devant dites, le Berger doit porter & ceindre sa panetiere pour mettre le pain pour lui & son chien. La panetiere doit être de cordelets déliée & nouée en droit nœud en maniere de la harace au portier de terre, & cette panetiere doit être attachée au senestre côté du Berger, car il ne doit point empêcher son côté dextre afin qu'il soit toûjours prêt à tondre, oindre, saigner ou travailler sur les brebis si besoin est.

A la panetiere doit être attaché une cordelette d'une toise & demie de long, que l'on appelle la laisse du chien, & doit être redoublée jusqu'au point de la panetiere, & au milieu doit avoir un cuiret avec un petit bignet de bois pour attacher le chien, & pour détacher & envoyer tôt contre les Loups on autres méchantes bêtes qui voudroient mal faire aux Brebis.

Le chien du Berger doit avoir grosse tête, & au tour du col un collier de fer & crampons pointus ou clous longs & aigus pour résister aux loups sur les champs, ou aux larrons si aucuns venoient quand la bergerie est en pâture. Et aussi pour l'armeure du collier le mâtin est plus hardi & animé, & ne seroit pas si-tôt étranglé des loups, car il en a plus grande défence. Ce matin suit le Berger & lui tient bonne compagnie qnand il mange son pain, qu'il soit de la clemence, car tel est ami à la dépence qui ne l'est à la défence.

Quand le Berger a Mâtin loyal & hardi, il est trés profitable à la garde des brebis, & le Berger est aussi noblement paré de houlette réprésentant trois états en ce monde, comme seroit un Evêque ou Abbé de sa croce, ou comme l'on ne doit pas faire de comparaison de telles choses.

Et jaçoit que la croce du Prélat soit de plus grande dignité & de plus grand honneur que le glaive ni que la houlette, neanmoins il y a borne & idoine convenance, car selon Dieu qui est le plus grand il se doit humilier & le faire comme le plus petit, quant à l'humilité & selon la doctrine de l'Evangile, & ces trois choses ; la croce, le glaive & la houlette réprésentent trois états en ce monde. La croce est tenue de nous enseigner & corriger spirituellement sans lance ny épée & de prier Dieu humblement pour nous, c'est-à-dire pour le glaive & la houlette.

Le glaive doit défendre par sa puissance temporelle & corporelle la croce & la houlette de tous les adversaires qui contre raison les voudroient inquieter & molester induement.

La houlette qui en partie peut & doit être comparée à la bêche dont on laboure la terre doit gagner au profit de la croce & du glaive, à ce qu'il leur puisse livrer & administrer aliment & nourriture du profit de son labeur & de sa garde, ainsi peut apparoir qu'il y a convenance & qu'il convient l'un avec l'autre pour soutenir le bien public chacun en son endroit, pource est la houlette convenable au Berger, comme la Croce au Prélat, le glaive ou l'épée à l'homme d'arme ; c'est-à-dire, à la Seigneurie temporelle qui est en puissance d'épée. Et ces trois veulent faire châcun leur devoir, est bon en tous états ; car aux champs, à la Ville & au moûtier s'entr'aide leur métier. La houlette est ferrée d'un long fer concavé enguisant, & la bouterolle où l'on met le manche, doit être long & rond, bien claire & brune de tolle legere, où elle est souvent boutée pour châtier brebis & agneaux.

Le haut de la houlette doit être de neflier ou autre bois dur. Au premier bout de la hante ou bâton doit être le fer dessusdit & un peu courbé pour couper & houler la terre legere sur les brebis ; car de houler elle est dite houlette. A l'autre bout de dessus doit être un crochet du fût de la nature & un crochet de mane même, ou sinon qu'il soit fait le crochet par addition d'un trou ou d'une cheville. Par ce crochet du bout de la houlette sont accrochées les brebis & agneaux pour visiter s'il y a rogne, pour oindre, saigner & mettre à obéissance, & pour y remedier.

Avec la houlette il convient que le Berger ait un bâton & qu'il ait corgé de trois lanleres de cuir, ou de trois cordelettes menues pour corriger & châtier les brebis en tems dû ; car grands biens & grands profits viennent de la correction.

Il faut que le Berger soit affublé d'un grand chapeau de feutre rond & bien large, & par devant sur le chef doit être redoublé de plaine paume pour défendre le Berger de la pluye, quand il va contre le vent aprés ses brebis. L'autre pour le profit de son maître à qui sont les bêtes ; car toutefois qu'il convient que le Berger fasse jointure sur les brebis quand aucunes il y en a de rogneuses aux champs, & il fait tonsure de ses agneaux pour découvrir la laine & atteindre la rogne. Il met ses recoupes de la laine & les tonsures aux plis & redoubles de son chapeau, & le doit porter & rendre à son maître, car il est tenu de faire & garder le profit de son maître, en faisant son office de Berger.

D'autre part ledit chapeau est mout profitable au Berger, tant pour obvier à la pluye, vents & tempête, comme de peur de son chef, & est droit état de Pasteur de porter grand chapeau & rond ; mais il y a difference entre les chapeaux des Prélats & ceux des Bergers, en ce que les chapeaux des Prélats sont de plus chere chose que n'est le feutre, & aussi né sont-ils point remployez & redoublez par devant, & peut-être que c'est pour ce qu'ils ne veulent pas raporter aucun profit à leur maître, qui les a commis au gouvernement où ils sont.

En tems d'Hyver faut que le Berger ait moufles pour garder ses mains de froidure, lesquelles moufles ne doit pas achepter ; mais les doit faire de sa science, ou à l'aiguille ou à lacet de fil de laine filée de main de Berger, ainsi que l'ont fait les autres ; ou il les doit faire de plusieurs pieces, ainsi qu'il les trouvera à son avantage ; & quand il ne fait pas trop froid ou qu'il convient que le Berger travaille de ses mains, il doit pendre les moufles à sa ceinture. Des instrumens doit avoir le Berger avec ses flajaux pour se divertir en mélodie, c'est-à-sçavoir, Fretel, Etonne, Doucine, Musette d'Allemagne ou autre Musette que l'on nomme Chevrette, châcun selon son esprit & subtilité, & puis que le Berger est ainsi armé de toutes les pieces dessusdites nécessaires à son métier, il peut chamboyer seurement la houlette en la main en gardant ses brebis.

### Du Mois de Janvier.

OR disons de la garde des brebis en châcune saison, commençant au mois de Janvier, parce qu'il est le premier mois & l'entrée de l'an selon le Calendrier. Au mois de Janvier font les brebis portieres mout griéves & pefantes des agneaux & faons qui font én leurs ventres , & aucunes aignelent & faonnent audit mois quand elles ont été luitées & faillies en Août; car ainfi comme des fruits, les uns font plus hâtives que les autres. Et en contre ce , la providence divine y a mis bon ordre ; car audit mois les loups fuivent les louves pour faire leurs cohirs , & pource s'oublient en ce mois; auffi ne font point de dommage aux brebis ; car fi ce n'étoit l'empêchement qu'ils ont lors de pourfuivre leurs chaleurs & de continuer avec les louves, ils enfondreroient le ventre des brebis pour avoir les agneaux ; mais Dieu ne le veut pas ainfi. Au mois de Janvier fe doit le Berger lever fi tôt qu'il eft jour , & déjeûner & manger du pain & du potage qui eft demeuré du foir du jour de devant , & bien matin doit mener fes bêtes aux champs s'il n'y a empêchement de pluye ou de gelée blanche.

Audit mois de Janvier, les brebis portieres qui ont été faillies de Septembre précedent & approchent le tems de faonner fur le fumier,& pource ne doit-on achever de les mener aux champs à la blanche gelée pour le peril & inconvenient qu'il en fuit, pource que blanche gelée fait mourir les agneaux és ventres des meres , & fait les brebis avorter , & les agnelets ainfi morts font nommés avortons. Et fi le Berger eft jeune , & qu'il ne foit pas encore inftruit fuffifamment en cette fcience, il fe doit avifer qu'il faffe à l'exemple & à femblance des autres Bergers de la Ville où il demeure , ou des autres villes voifines avec lefquels il doit converfer , & d'eux apprendre l'art & ufage ; car en apprenant on devient maître.

### Du mois de Fevrier.

AU mois de Février fe doit le Berger lever du matin devant le jour pour afourager fes bêtes portieres de furte de bled pour les conforter , & pource qu'en Février fait communément noire gelée , le Pafteur doit mener les bêtes aux champs du matin ; car la noire gelée effuye l'herbe , & adonc les bêtes paiffent volontiers, & l'herbe effuye eft mout profitable , & s'il advenoit que par jour furprit rofées & pluye ou dégel , dont les herbes fuffent mouillées, le Berger doit donner à fes brebis au foir du fourage de féves ; car il eft fec , & celui de pois eft moite.

Au mois de Février, le Berger ne doit porter la houlette ; car il n'en eft pas befoin , parce que les brebis portieres font prêtes à faonner: Si ne doit pas jetter terre fur les brebis & ne les battre d'efcorgée, qui ne les froiffe ou bleffe , & de tout fon pouvoir doit garder qu'il ne nuife aux bêtes ni aux faons; au lieu de houlette doit prendre un crochet de corde pour prendre fes bêtes par les pieds , s'il y en a aucunes qu'il veuille oindre ou lui faire quelque chofe neceffaire au metier , & pour chaffer les brebis doit porter une verzette de faux déliees à trois liens, dont il les corrige pour moins bleffer les brebis.

Audit mois le Berger ne fe doit point feoir , & ne doit point éloigner fes brebis; mais doit être curieux de les garder & avoir l'œil deffus, afin que fi aucun agnelet ou faon naît aux champs , qu'il les puiffe incontinent fecourir; par la coulpe des mauvais & nices Bergers, plufieurs agnelent aux champs & ont été mangés des corbeaux, des huaus & les corneilles, au grand préjudice du maître.

Au foir quand le Berger revient de pâturage , il doit ramener les brebis au petit pas, & les doit établer fpatieufement ; car au mois de Février eft mout profitable chofe quand le beftial eft au large.

Et quand le Berger fe veut aller coucher, il doit vifiter fes brebis & les faire lever; car les long gesie en ce tems leur pourroit nuire , pour les faons qui sont en leurs ventres , & doit être si curieux qu'il ne doit dormir seurement s'il ne sent son four en bon état & convenable. En ce tems doit laisser les huits & les fenêtres des étables ouvertes quand le vent de bize vente , pour y recevoir ledit vent , car il profite fort aux brebis en ce tems.

Et si les autres vents ventoient le Berger doit étouper les fenêtres & les huits des Bergeries , pource que lors nuls des autres vents n'y profite que celui de bize. Si-tôt que la brebis aignelle ou faonne le Berger doit être prêt à presenter l'agneau devant la mere afin que par elle il soit nettoyé selon l'introduction de nature. Et quand l'agneau est nettoyé on doit prendre la brebis & la coucher sur le côté droit prés de l'agneau , si qu'il puisse prendre la mamelle de sa mere & succer le lait pour sa nourriture.

Et lors le Berger doit premier ôter de la laine du pis de la mere par devers le ventre & ne doit pas tondre par derriere , parce que la froidure du mois de Fevrier feroit grand mal à la brebis , & avec ce le Berger doit prendre le pis de la brebis & éplaindre par ses doigts deux ou trois gouttes du premier lait de chaque mamelle & les laisser couler sur terre , afin que l'agnelet n'en goûte , car ces premieres gouttes ne sont pas saines , & si l'agnelet le goûtoit il pourroit encourir une maladie , que l'on nomme l'afflez , de laquelle les agneaux perissent & meurent souventes fois de cette maladie , & d'autres qui sera dites aux Chapîtres des maladies & de leurs cures , & pendant ce qu'on veut guerir l'agnelet du mal d'afflez l'on ne doit pas tirer ni traire le lait du pis à la mere de l'agnelet , mais il s'en doit garder par deux jours , afin que le lait de la brebis décroisse : car par la grande abondance du lait en la nouveauté , aprés que la brebis a faonné vient le bet en la mamelle de la bète , lequel est de grosse nature & humeur , & pource est perilleux à l'agnelet & à sa nourrice. Et pource le lait de la brebis étant ainsi purgé par deux jours est plus valable , l'on doit prendre l'agnelet & le remettre vers sa mere , & lors il ne doit demeurer avec elle plus de quinze jours sans se mouvoir , car châque Berger doit sçavoir que la demeure de plus de quinze jours avec la mere pourroit engendrer communément aux agneaux une maladie qu'on appelle pousset , dont les agneaux meurent souvent , & que n'y a que peu ou point de reméde contre cette maladie de pousset.

Et pour y obvier le Berger doit ôter l'agneau d'avec la mere quand ils y ont été quinze jours , comme dit est , & les doit mettre en une étable tout par eux , & chaque matin les doit laisser allaiter de leurs meres devant qu'aller aux champs , & quand les brebis reviennent au soir des champs , le Berger les doit laisser reposer ainçois qu'il leur donne leurs agneaux pour allaiter , pource que quand les brebis sont travaillées leur lait est chaud & battant , & n'est pas bien attrempé pour les agneaux , car aucunes fois pour allaiter les meres lassées il vient aux Agneaux une maladie que l'on appelle le boucher de laquelle les agneaux meurent souvent.

Et aprés que les agneaux sont séparez & ôtez d'avec leurs meres quand ils ont été la premiere quinzaine & qu'ils sont mis & établez tous par un. Une autre quinzaine ensuivant ils ne doivent manger autre chose que du lait de leurs meres seulement , & ainsi que dit est , doivent être gouvernez & gardez par un mois entier , sans qu'ils mangent de lait : du surplus de la grande nourriture des agneaux sera dit aux mois suivans.

### Du mois de Mars.

LE Berger au mois de Mars doit avoir grande consolation , & aviser en quel pâtis il meine ses brebis , pource que lors la terre jette ses vapeurs , & grosses herbes com mencent à croître, mêmement une herbe que l'on nomme bouveraude, & est de mauvaise digestion & très nuisante aux brebis au giron de leur gorge, car si-tôt que les brebis ont goûté de cette herbe il faut que le Berger soit tout prêt pour les secourir , car il faut incontinent leur mettre du sel en la gorge pour donner occasion de boire, pour digerer & avaler l'amertume de la bouveraude. Le bon Pasteur se doit garder de mener en pâture ses brebis au mois de Mars en lieux marecageux, car lors il naît une herbe nommée dauve laquelle les brebis desirent manger , mais elle leur est fort dommageable, car si-tôt qu'elles en ont goûté & l'ont avallé en leurs entrailles, la dauve est de telle nature qu'elle demeure & se jette au foye de la brebis, & cette mauvaise herbe ne remonte plus ni revient ronger à la gorge de la bête comme font les autres herbes , mais d'icelle dauve par corruption sont engendrez sur le foye une matiere de vers, qui par nouriture ont vie & corrompt tout le foye de la bête, dont elle est mise à mort par l'infection de la susdite herbe, & aprés que la brebis l'a mangé on s'en peut appercevoir à ce qu'elle boit plus souvent que quand elle est saine, & peut durer cette maladie és brebis un an ou plus, mais à la fin convient qu'ils en meurent, car la dauve détruit le foye qui est un des trois membres principaux ou la vie gît aprés le cœur & le cerveau, & par ou la brebis endavée ne peut vivre. Si doit bien donc le Berger échaper qu'il ne conduise ses brebis prés des lieux marécageux ausquels croît & regne dauve par tout le tems d'Esté.

Et quand au gouverneur des agneaux audit mois de Mars , quand les agneaux ont un mois passé qu'ils commencent à croître & leurs membres se forment, le Berger leur doit donner du fourrage pour leur nourriture, sçavoir du foin & de l'avoine, & d'autres fois de la veche déliée & non de la grosse, & un doigt prés de l'autre, & doit-on bien aviser qu'on doit donner de l'avoine mêlée avec bran, que plusieurs nomment gruis ou tiercule, doit le Berger éviter de donner aux agneaux trop à boire en leur étable, car le boire leur nuiroit, ou qui leur veut donner à boire pour en avoir batement mettre de l'eau claire en un bassin ou chaudron bien net , car les agneaux se mirent volontiers au vaisseau clair , y prennent plaisir de tous ses soins, doit le Berger être curieux quant à la garde & gouvernement des agneaux, doit diligemment garder la doctrine dessusdites, specialement que la bouveraude & dauve ne leur puisse nuire, en outre audit mois de Mars le Berger doit éviter que ces agneaux il ne mette sous la répercussion du Soleil , car en ce mois le Soleil est au mouton qui est fort & vertueux, lors le Soleil par sa grande vertu penêtre de ses rets jusqu'au cerveau des agneaux,& leur engendre une maladie que l'on nomme vertin, qui les fait tournoyer, dont il sont tous écervelez & meurent maintes fois.

*Item.* Audit mois de Mars le Berger ne doit donner à boire à ses brebis ou agneaux si ce n'est en cas de nécessité , comme contre l'herbe de bouveraude ou pour trop grande chaleur du Soleil, si besoin en est il leur doit faire boire eau courante s'il étoit en lieu ou il en put recouvrer.     Ce qui est la cause pourquoi on doit faire abstenir expressement de faire boire les brebis au mois de Mars, pource que les eaux ne sont pas bien saines pour les mutations de l'air & du tems qui est tourné en verd que l'on dit Printems , pource que la terre est lors élargie & peureuse, alors jette ses vapeurs & superfluitez , comme dit est, parce qu'en celui mois le boire n'est pas profitable au bestial ; mais est bon pour mener en pâture par ses gâchieres aux herbes tendres pour apaiser leur soif , pour remédier aux breuvages des flots & rets des eaux qui leurs sont perrilleuses plus qu'en autre Saison.

### Du mois d'Avril.

LE Berger au mois d'Avril se doit lever fort matin pour visiter ses brebis, pour ouvrir les fenêtres & les huis des étables pour leur donner de l'air : doit le Berger voir aux champs pour sçavoir la qualité du tems, s'il fait bon pâturer il doit incontinent mettre hors ses brebis, les mener aux champs gayer, & qui fréquente les champs, il doit bien aviser selon les vents & les nuées, car y a aucunes qui enchassent les nuées & les bruines devant la face du Soleil, parquoy l'air devient pur & fait beau tems.

Aucuns autres accueillent l'air des nuées & amenent la pluye, même un vent que l'on appelle Plongel qui vient du côté d'Occident, car ce vent fait le tems pluvieux de son âpre soufflement. Si on voit tout au commencement qu'audit mois d'Avril vouloit venter un vent que l'on nomme Galerne qui vient de Septentrion, en Occident est la Bize plus souvent que nul des autres, lequel vent Galerne les Bergers maudissent le pays d'où il vient. Le Berger par generale doctrine doit avoir consideration aux tems & aux vents, tant au mois d'Avril qu'aux autres mois de l'an. Doit éviter le Berger qu'il ne meine ses brebis aux champs contre le vent de Solerre, qu'aucuns appellent Nord, qui vient devers Midy, lequel est dommageable aux brebis, car il les fait enfler de son soufflement. Si doit le Berger l'éviter autant qu'il peut, car il il arrive souvent que quand les bêtes en sont enflées il convient mettre reméde par saignée ou autrement comme cy-aprés en sera déclaré.

### Du mois de May.

LE tems est doux & serain au mois de May, & ne fait encore trop chaud, & tout est fleuri sur terre, car alors il a vêtu sa robe qui est ornée de diverses couleurs aux Bois & aux prez, & sont pâturages pleins de belles herbes & tendres.

Au mois de May est la coûtume de tondre les Moutons, Brebis & Agneaux, car alors est saine, meure & aussi le plus convenable, & trop plus profitable chose est de dépouiller lors & tondre sa brebis qu'en autre tems cômme pour aisément de sa pâture. De la maniere de tondre les bêtes susdites, & comme on les doit prendre subtilement & lier les pieds d'une laniere ou d'une corde de laine moitié pour les moins blesser, & de surplus de faire tonsure que l'on doit faire le plus profitablement que l'on peut, ne sera peu ou point parlé en ce traité, pource que la tonsure n'est pas de la propre essence du droit art du métier de la Bergerie : car combien que ce soit des dépendances, toutesfois les Bergers n'ont pas coûtume de tondre les brebis, pource s'en passe ledit Jean de Brie. Audit mois de May le Berger doit mener ses bêtes tard aux champs, & doit venir tôt à l'hôtel, car pource que les rosées du mois de May nuisent au bestial à la laine, car avec rosée se mêlent aucunes fois brouillards, mielats qui empirent les herbes & les feuilles, & sur les feuilles des ronces on le peut connoître & appercevoir plutôt qu'ailleurs.

Et les brebis de leur nature mangent volontiers les feuilles des ronces quand elles y peuvent advenir, & aucunes fois pour cette convoitise y laissent de leur dépouilles en allant trop prés des ronces poignantes, celui méfait doit on pardonner aux brebis, par l'exemple des hommes, considere que les hommes qui sont raisonnables laissent leurs dépouilles en la taverne ou autres lieux pour leur folle volonté accomplir.

Si n'est pas merveilles des brebis qui sont brutes & non raisonnables, si elles perdent de leur laine pour accomplir leur désir, & pour y remédier doit aller le Berger tard, à fin que les rosées ne nuifent aux bêtes à laine, & d'autre part le tôt reparer leur eft bon pour achever la force de l'ardeur du Soleil quand il eft en chaleur vers une heure aprés midy, & audit mois de May le Berger doit clore les huis & fenêtres de fes étables de jour, & de nuit les doit laiffer ouvertes pour en recevoir l'air, le tems ferain eft fort propre pour le bien des Brebis, & ne doit-on point nettoyer les étables pour les caufes fufdites, encore doit-on bien noter que qui veut faire tondre les jeunes agneaux de la premiere tonfure, on ne les doit point laver bien qu'ils fuffent crotez, car qui les laveroit pour nettoyer leur laine on leur feroit grand tort, cela eft bien approuvé, p rce que quand on les nettoye en l'eau ils s'ébayffent & treffaillent, & quand l'eau leur entre aux oreilles ils en deviennent fourds & fâcheux, tellement qu'ils en font tous affolez & ont la vûe gâtée & ne font pas profitables à garder, & pource il eft expédient de tondre les agneaux fans laver. Des Moutons & des Brebis ne faut faire la pareille, car on ne les doit pas tondre fans laver.

Quand les agneaux font tondus & dépouillez de leur premiere toifon, le Berger doit être curieux de mener fon Troupeau d'Agneaux incontinent aprés la tonfure parmy un chemin fec & poudreux, afin que la poudre qu'ils émouvent de leurs pieds fe prenne fur eux & qu'ils en foient empoudrez par deux ou trois jours, & la raifon eft que la poudre leur fait cotelle fur leur chair, les garantit & défend de la rongne ou clavel qui eft une mauvaife maladie nuifante aux Brebis & agneaux, comme cy fera dit. Et s'il advenoit que fans moyen aprés la tonfure il fit un tems pluvieux, parquoy les Agneaux ne puiffe mieux en poudre au chemin pour l'empêchement de la pluye, comme il échet aucunes fois. Lors on doit tenir lefdits agneanx aux étables : mais le Berger contre l'empêchement y doit pourvoir & doit prendre la cendre & autre poudre laiffée bien deliée, & d'icelle poudre doit poudrer fur les agneaux pour iceux garentir, comme dit eft, car cette poudre leur fait une maniere de cotelle fur leur petite laine, qui leur eft trés profitable & les défend de rongne & de clavel, & fi les garantit de pluye. Il n'eft pas à douter qu'à mefure que la laine leur croît elle déboute cette poudre & emporte avec foi amont, & la chair des agneaux demeure nette fous la laine par fon fuif & chaffe la poudre dehors, ainfi les agneaux demeureront fains, & eft profitable aux moutons, aux brebis & aux bêtes antenoifes, & on les doit femblablement empoudrer incontinent aprés la tonfure & fans moyen pour icelle garantir & défendre des maladies deffufdites & garder la chair fous la laine.

### Du mois de Juin.

AU mois de Juin le Berger doit avifer en quelle partie il meine fes brebis en pâture, pource qu'au mois de Juin croît une herbe qu'on appelle Poucel, cette herbe eft de deux manieres, l'une a la feuille crenclée & la tige eft bonne, l'autre a la feuille ronde & la tige vermeille & velue, & eft fi mauvaife que quand la brebis en mange elle devient malade. En cedit mois le Berger fe doit lever au point du jour pour traire le lait de fes bêtes, puis les doit mener aux champs bien matin, car lors il y fait bon, & au retourner des champs les doit garder de trop grande chaleur, car elle nuit aux brebis, pour la pauvreté de leur laine & la chaleur des bêtes, peut le Berger affez appercevoir à fon mouton fonnalier, car combien quepar raifon il foit le plus gras, il n'eft pas fi-tôt furpris du Soleil. Toutefois le fonnalier s'arrête tout court quand il a grand chaud & frappe des pieds & remue la queue, & font les fignes de chaleur, au fi il eft environné de mouches

quand il eſt arrêté. Si y doit pourvoir le Berger & faire ombrer ſes bêtes & mener doucement aux Etables, & n'eſt force que les brebis mangent beaucoup au mois de juin
car la graiſſe de ce mois ne leur eſt pas profitable.

En ce mois doit le Berger mener ſes bêtes hors des friches & chemins, & les doit tenir
en gaſchieres & hauts lieux en plantes de chardons, la pâture de chardons leur eſt bonne,
& quand elles mangent volontiers ces tendres chardons, c'eſt ſigne qu'elles ſont ſaines,
& ſi elles n'en veulent manger c'eſt ſigne qu'elles ſont uſées & mal ſaines & ne ſont pas
dogues de nourrir. Si doit conſiderer le Berger & en avertir ſon Maître pour ſon profit,
& à l'heure de prangerie audit mois, ne doit pas le Berger mener ſes brebis contre le Soleil, mais doit lui tourner le dos & les conduire en valées ou les herbes ſoient plus moi-
tes, n'eſt pas ſans doute que les brebis voyent mieux l'herbe verdoyer quand elles ont
le dos tourné au Soleil. Et eſt à ſçavoir que lors une herbe nommée Civalle qui leur eſt
très profitable & nourriſſante, & leur fait avoir un bon ventre : car ſi les brebis étoient
enflées ou mal miſes d'aucune mauvaiſe herbe, la chaillée guérit & leur eſt vraye méde-
cine, & ſoit donc le Berger ſage & diſcret en menant ſes brebis.

### Du mois de Juillet.

EN ce mois de Juillet le Berger doit ſe lever auſſi matin comme en Juin, & j'açoit
qu'audit mois de Juin ſoit dit que le Berger doit mener les brebis en gâchieres & és
lieux. Toutefois en ce mois de Juillet ſe doit garder d'une herbe qu'on appelle Sauvre,
laquelle a une petite feuillette jaune, laquelle herbe de Sauvre eſt tant nuiſante au beſ-
tial, que ſi les brebis la mangent bien & que la fleur y ſoit elles deviennent enflées, &
de la malice de l'herbe ſont en peril de mort quand les brebis ont trop chaud. C'eſt aſſez
dire des régles generales en maniere on les doit réfroidir & ombrager.

### Du mois d'Août.

EN Août le Berger ſe doit lever matin, comme deſſus, & déjeûner d'une ſoupe en vin
ou de lait clair, & doit porter du pain en ſa panetiere pour lui & pour ſon chien, &
ne doit point porter de houlette ni d'autre bâton qu'une verge de corde en ſa main par
maniere d'ébattement.

En Août le Berger ne doit pas mener les bêtes en friches, gâchieres ny en pâturages
où il y ait verdures, mais les doit mener & tenir aux chaumes & érules ou les bleds & a-
voines ont été ſerrez. Et ainſi doivent prendre les brebis leur pâture & non ailleurs, au
moins ſelon la coutume de France & de Brie, laquelle eſt telle que chaque Berger peut
mettre les brebis aux champs auſſi-tôt que les bleds en ſont ôtez.

Et devant dîner les doit ramener auſſi-tôt és étables & les laiſſer repoſer, & attendre
juſqu'à haute brangiere, & aprés dîner doit aller tard aux champs, & y doit tenir ſes
brebis juſqu'à une heure de nuit, au mois d'Août, & au ſuivant on peut laiſſer les brebis hors des étables au milieu de la cour ou ailleurs, mais que ce ſoit en lieu ſeure. En
Août le Berger doit garder ſes brebis qu'elles ne ſoient enflées de trop manger d'épics,
car mort s'en pourroit ſuivre ſi on n'y prenoit garde.

### Du mois de Septembre.

AU mois de Septembre doit le Berger mener ſes brebis aux champs bien matin, &
pâturage les doit conduire devant dîner és terres où il y a du bled, & aprés dîner és
lieux

lieux où il y a eû avoines , pour affoupir contre le vêpre , il doit éviter terres maigres &
pierreufes , car lors il croît une herbe que l'on nomme Muguet fauvage , que les brebis
mangent volontiers, mais elle leur eft nuifante & mal profitable, & eft comme femblable
à trefle en faille & verdure , mais elle eft plus haute & a une fleur jaune par rinceaux &
par icelle herbe & rinceaux defcend une maniere de bilos , lefquels defcendent de l'air
femblable à file de coton qui s'attachent à cet herbe de Muguet & y demeurent, & en eux
fe nourriffent arrignées, vermines & ordures envenimées, & pour convoitife de l'herbe
les brebis la mangent avec l'ordure, & leur caufe une grande maladie que l'on appelle
cirengnier, qui les tient en la tête , dont les brebis font envenimées & en peril de mort.

En celui mois , par commune ordonnance de nature , les brebis portieres font luitées de
moutons pour propaginer & continuer l'efpece de bête à l'aine par generation felon la
bonne difpofition du fouverain Pafteur & Créateur de toutes chofes immortelles & mor-
telles raifonnable, animez & inanimez. Si advient par fois qu'aucunes brebis portieres
foient luitées & faillie en Août , auffi font elles plus hatives à faoner devant Février.

Audit mois de Septembre le Berger doit être diligent de la garde de fes moutons fail-
lans qui nuifent les brebis portieres , & ce mois durant doit faire gefir fes moutons &
portieres au milieu la cour ou en autres lieux hors leurs étables, & les vifiter fouvent.

### Du mois d'Octobre.

EN Octobre met le Berger fes brebis le matin aux champs pour pâturer & ait égard à
la qualité du tems, comme dit eft, & aprés dîner les doit tenir coye en nouvelle gâ-
cheries qui leur font mout profitables , & aprés dîner les doit mener és chaumes & és
étuves comme en Août, & les tenir és chaumes jufqu'à une heure de nuit ou environ. Et
pource qu'en ce tems les bêtes ne font pas encore refroidies & tiennent en ore grand garde
de leur chaleur, & que les chers des bêtes portieres ou moutons ne font pas lors convenable
à manger. La faignée dudit mois eft défenduë & toute medecine à faire à tout Berger, tant
aux moutons qu'aux brebis & agneaux , excepté que fi aucune étoit dégoûtée ou malade
par accident , on lui donnera à manger des feüilles de choux pour prendre fon apetit.

### Du mois de Novembre.

EN Novembre doit le Berger mener les brebis aux chaumes & étules, comme deffus ,
pour pâturer le regain des herbes qui font regagnez , car la douceur d'icelle leur eft
profitable. En ce mois de Novembre eft défendu la faignée & medecine, ainfi comme en
Octobre, & fi les moutons font découragez en ce mois, le Berger leur doit donner à
manger un peu de fel, & pource qu'en Hyver il pleut plus fouvent qu'en autre tems, quand
il a plu le Berger mene les brebis és pâtures prés des bois , il doit étouper les fonnettes de
fes bêtes, tellement qu'elles ne puiffent fonner, car les loups ne peuvent bonnement endurer la pluye pour les dégoûts & ruiffeaux des feüilles du bois qui leur tombe és oreilles &
leur font mal, pource fortent du bois aprés la pluye & fe repaiffent pour agiter les brebis
quand ils entendent les fonnettes. Si les doit le Berger étouper pour ôter la noife, & doit
camper loin des bois & contre-vents, & être curieux de fon beftial pour évier le dommage.

### Du mois de Decembre.

EN Decembre doit aller tard aux champs en pâturage, & lors les brebis mangent volontiers une herbe que l'on appelle Hiebles, mêmement celles qui font groffes & em-

praintes & veulent avoir nouvelles pâtures, & font déja foulées des regains des herbes & des chaumes, & quand elles ont goûté des Hiébles il n'a guére de danger en la garde. En celui mois de Décembre ne viennent point les bêtes au dîner à midy, & les doit-on tenir aux champs jufqu'à Soleil couché, & eft à noter qu'ainfi que par regle generale eft défendu de nettoyer les étables des brebis au mois de Mai, tout ainfi eft commandé qu'au mois de Decembre les étables foient curées & nettoyées, & on n'y doit laiffer nuls fiens, mais eft bon de les curer fouvent, parceque les fiens font trés nuifant au beftial.

---

*Des maladies qui viennent aux Brebis, Agneaux & autres bêtes à laine.*
*De la maladie de l'Affilée.*

L'Affilée eft une maladie qui vient communément aux agneaux, & leur prend quand ils ont goûtez du lait de leur mere, laquelle a de nouveau faonné ; lequel lait l'on appelle Ber, & le premier de la mammelle aprés qu'elle a faonné de nouveau, comme de ce eft fait mention cy-deffus au chapître du mois de Fevrier, cette maladie eft affilée & trés perilleufe.

*Du Poucet.*

Une autre maladie y a que les agneaux prennent quand ils ont plus de quinze jours continuez avec leurs meres depuis qu'ils font nez, laquelle maladie & dont elle eft appellée Poucet, de cette maladie & dont elle eft caufée, dit affez fuffifamment au Chapitre du mois de Fevrier, & cette maladie de Poucet eft trés perilleufe.

*Du Bouchet.*

La maladie du Bouchet eft femblablement continue audit Chapître de Fevrier, & dit le Maître que cette maladie du Bouchet eft engendrée aux Agneaux quand ils allaitent leurs meres, quand elles viennent des Champs, fi-tôt qu'elles font repofée & refroidies, & de cette maladie meurent les Agneaux fouvent fi l'on n'y remedie.

*Du Clavel.*

Une maladie qu'on appelle Clavel, laquelle vient aux Brebis & Agneaux & aux autres bêtes portant laine par trop grand excez de mauvaife garde.

*De la rogne.*

La rogne eft une maladie qui leur vient és dos, par la pluye pour morfondures ou autres à l'aide des froidures.

*Du Poacre.*

La maladie du Poacre vient aux Brebis & beftial par accident de pâturer és rofées és terres fabloneufes. Et être Poacre eft une maladie & maniere de rogne qui prend és mufeaux des Brebis, & plus pire & nuifante que la rogne du dos.

*De la bouveraude.*

De la maladie qui vient aux Brebis d'une herbe qui eft appellée Bouveraude, & eft parlé au Chapitre du mois de Mars, comment la mauvaife herbe de Bouveraude prend à la Brebis par le guron de la gorge, & comment les bêtes font en grand peril.

*De la Dauve.*

Une maladie qu'on appelle Dauve vient aux Brebis de manger une herbe, qui femblablement eft nommée Dauve, laquelle herbe engendre une maladie dont il a été parlé cy-devant plus à plein au Chapitre du mois de Mars.

*De l'Avertin.*

Une maladie vient aux Agneaux, laquelle eft nommée Avertin, & leur fait par fa cha leur émouvoir le cerveau, dont ils affolent & meurent, & tournent toutefois comme est dit au mois de Mars.  *De l'enflure.*

De l'enflure y a deux causes ou plusieurs, dont l'une est engendrée au mois de Juillet quand les Brebis mangent une herbe qu'on appelle Fevrel & à la fleur jaune. L'autre cause est quand elles mangent trop d'épics au mois d'Août, & en sont enflées.

*Le Ronge.*

Une autre maladie que l'on appelle Ronge perduë, & leur vient quand elles mangent d'une herbe qui est appellée Poucet, cela ôte aux bêtes goût de manger.

*De l'Yrennier.*

La maladie que l'on appelle l'Yrennier est engendrée aux Brebis au mois de Septembre, quand elles mangent l'herbe que l'on appelle Muguet sauvage, sur laquelle herbe descend l'Yrraignées & vermines qui mout les empirent.

*Autres Chapitres des Remedes.*

Des remes & cures de ses maladies, prendront remede contre la filée qui est telle quand l'Agneau est malade de filée, on lui doit faire allaiter une autre mere que la sienne par deux ou trois jours & il guérira.

*Remede du Poucet.*

Contre le Poucet y a peu de remede hors que d'ôter les Agneaux d'avec leurs meres quand ils y ont été quinze jours, si comme est dit au Chapitre de Février.

*Remede du Bouchet.*

Contre la maladie du Bouchet, à tel remede on doit prendre un bâton de saux verd, demi pied de long & le fendre au bout en croix, & mettre icelui à la gueule de l'Agneau, on le doit mettre en lieu où il puisse bien-tôt saigner, & lors qu'on saigne l'Agneau trouve bien-tôt guérison.  *Remede du Clavel.*

Le remede contre le Clavel, tant pour Agneaux que pour bête à laine, & icelle est nommée Tume autrement Use Uratime, ou Hemme bonne, & est assez commune. On a trouvé en plusieurs lieux d'icelle herbe, & est de telle nature qu'elle soit mise & posée secretement aux étables afin qu'on ne la voye en reverence & honneur de saint Jean Baptiste, ne doit pas chacun voir ni sçavoir le secret & les grands biens qui sont en l'état de la Bergerie.

*Remede du Poacre.*

Contre la Rogne des moutons ou autres bêtes à laine, on doit faire onguent de vieux oingt de porc, de vif-argent, d'alun de glace & de couprose, verd de gris, & mêler tout ensemble avec un peu de farine de semence de nèle ou de cendre commune, confite avec le vieux oingt, & de cet onguent doit-on oindre la rogne, si guériront les bêtes. Et aux Agneaux convient ouvrer plus doucement, parce qu'ils sont plus tendre. Prenez vieil oingt, verd de gris & cendre de serment, & faute de serment prenez du geneve & le broyez tout ensemble pour oindre les Agneaux, & guériront, & n'y convient mettre vif-argent, ni alun de glace, ni couprose, car ils sont trop corrosils & pourroient faire mourir les Agneaux. Et si aucuns pauvres ménager ne pourroit faire les choses dessusdites, doit prendre des genévres verds & coupé même par tronçons & les faire boüillir en lescives de cendres de Dauves, puis commencer tant qu'ils soient amolis & qu'ils ayent attrait la force de la cendre, & vaut à faire onguent pour guerir ladite rongne, tant en bêtes susannées que Agneaux.

*Remede contre la Rongne.*

Pour guérir le Poacre, prenez couprose, alun de glace & soufre vif, & brulez tout enfemble, & faites bouilllir tout en huile de cheneveux & le mettez tout chaud fur la tête Poacreufe au foir quand elles reviendront des champs, car qui les mettroit au matin il ne ferviroit de rien.

### Du figne du Sagittaire. Chapitre 7.

VOus devez fçavoir que celui qui eft né fous le Sagittaire depuis la my Novembre jufqu'à la my Decembre, aura bon effet, il aura mifericorde de chacun, ce qu'il verra il l'obtiendra par revelation, il cheminera par lieux inconnus & dangereux, & reviendra avec grand gain, il verra croître fa fortune de jour en jour & ne celera pas ce qu'il aura, il aura figaes aux mains ou aux pieds, il fera pourreux, & à vingt-deux ans aura aucun peril, il paffera les mers & gagnera, & vivra 77 ans & huit mois felon nature.

La fille qui fera née en ce tems fera laborieufe, elle aura plufieurs penfée pour noifes étranges & ne pourra voir pleurer, elle aura victoire de fes ennemis, elle dépenfera beaucoup d'argent par mauvaifes compagnies elle fera appellée mere des fils, & fouffrira plufieurs a juers, elle prendra peine afin qu'elle ait des biens de fes parens, on la doit marier à quatorze ans, & aura à dix-huit ans grand joye, elle fouffrira douleurs par envie, & fera fept ans de joye, & vivra 70. ans felon nature. Les jours de Venus & de la Lune feront trés-bons, ceux de Mars & de Saturne leur feront mauvais, & tant l'homme que la femme feront inconftans & ineftimables en faits, ils feront de bonne confcience & mifericordieux, meilleurs aux étrangers qu'à eux-mêmes, & aimerons Dieu.

### Du figne du Capricorne. Chapître 10.

QUi eft né deffous le Capricorne depuis la my Decembre jufqu'à la my Janvier, fera iracond, fornicateur, laborieux, & fera nourri de chofes étranges, il aura plufieurs noifes, il fera gouverneur de bête à quatre pied, il ne fera pas longtems avec fa femme, il fouffrira plufieurs peines & trifteffes en fa jeuneffe, il abandonnera plufieurs biens & richeffes, il aura grand peril à feize ans, il fera grans de courage & hantera gens honnêtes, il fera riche par femme, il fera conducteur de pucelle, & fes freres feront plufieurs efpiemons fur lui, il vivra 70. ans & quatre mois felon nature.

La fille qui fera née en ce tems fera honnête & craintif, elle furmontera fes ennemis, elle aura des enfans de trois hommes, elle fera beaucoup de pelerinages en fa jeuneffe, & aprés aura grands biens, elle aura douleur aux yeux, & fera en fon meilleur état à trente-un an, & vivra 70 ans & quatre mois felon nature. Les jours de Saturne & Mars leur feront trés-bons, les jours de Sol leur feront mauvais, & tant l'homme que la femme feront raifonnable & non envieux.

### Du figne d'Aquarius. Chapitre 11.

ON trouve que celui qui étant au figne d'Aquarius depuis la my Janvier jufqu'à la my Février, fera aimable & iracond, il ne croira pas en vain, on lui donnera argent à 34 ans, il fera en bon état, il gagnera ou il fera fort malade, & fera bleffé de ferrement & aura peur en l'eau, aprés il aura bonne fortune & ira en plufieurs lieux étrangers. La fille qui eft née en ce tems fera delicieufe & noife pour les enfans, elle fera en grand peril, en l'âge de 40 ans fera en felicité, elle fouffrira dommage de bêtes à quatre pieds, elle vivra 60 ans felon nature. Les jours de Venus & de la Lune leur feront trés-bons. Les jours de Mars & de Saturne leur ferons trés-mauvais, & tant l'homme que la femme feront raifonnables & feront trop riches.

### Du Signe des Poiffons Chapitre 12.

QUe celui qui fera né fous le figne des Poiffons depuis la my Février jufqu'à la my Mars, traitera l'art militaire & cheminera beaucoup, il fera fornicateur, mocqueur

& convoiteux, il dira d'un & fera d'autre, il trouvera argent & se fera en sapience & aura bonne fortune, il fera défenseur des veuves & orphelins , il fera craintif sur les eaux.

La fille qui fera née en ce tems fera délicieuse , familiere en gestes, plaisante de courage , & aura douleur aux yeux, fera dolente par infàmeté, son mari la laissera & aura grand peine avec les Etrangers, elle n'aura pas ce qui est sien, elle aura douleurs de stomach & de l'amarie , & vivra 70. ans selon nature. Les jours de Mars & de Saturne leurs feront mauvais , & tant l'homme que la femme vivront fidelement.

*Fin des Nativitez des hommes.*

*Les dix Nations Chrétienne.*

EN ce petit Traité je prétend parler de plusieurs nations Chrétiennes lesquelles sont divisé en dix, dont je déclarerai selon que je trouve du langage François , comme Bergers parlent dans les champs selon la capacité de mon entendement, & si en ce faisant j'ay erré , plaise vous excuser ma jeunesse entre vous Bergers , & amander les fautes si j'ay failly , je me mets à tous amandemens , car en mal fait ne gît qu'amande.

*La premiere Nation des Latins.*

ENtre la Nation des Latins pour les Superieurs , c'est le Pape & l'Empereur & plusieurs Rois : c'est à sçavoir, les trés-Chrétiens, puissant & redouté Roi de France. En Gaules, font plusieurs Nobles, Ducs Comtes , Barons & Senechaux , & c'est la Nation la plus florissante & redoutée des autres en honneur, force vaillance & Chevalerie. En la Nation d'Espagne , sont les Rois de Castille,, de Portugal & de Navarre, plusieurs Ducs & Comtes, & autres petits Royaumes. En la nation d'Italie, sont les Rois d'Italie , de Cicile & de Naples, & plusieurs Marquis & Comtes, comme Venize, Florence, Senne & Gennes. En Allemagne sous l'Empereur sont plusieurs Rois, c'est à sçavoir le Roi d'Angleterre , d'Ecosse d'Hongrie , de Boëme, de Pologne, d'Asie , de Frise , de Suisse, de Norvege, de Dannemarck , de Croacle, aussi plusieurs Marquis, Ducs & Comtes, sont les susdits obéissants à l'Eglise Romaine.

*La seconde Nation des Grecs.*

HOrace parlant de cette Nation de Grec il la plaint pour les vexations qu'elle a porté le tems passé. Les Grecs ont le Patriarche de Constantinople, Archevêque & Abbé aux choses spirituelles & temporelles, Empereurs, Ducs & Comtes. Ils sont maintenant en petit nombre, pource que les Egyptiens & les Turcs ont pris & occupé violemment la plus grande partie de la Grece laquelle partie n'obéit à l'Eglise Romaine : ils ont plusieurs erreurs qui sont condamnez par l'Eglise.

*La troisiéme Nation est la Terre du Prêtre Jean en Judée.*

APrés est le pays d'Inde, dont le Prête Jean est Prince & Seigneur, sa puissance est si grande qu'elle excede toute la Chrétienté. Celui Prêtre a sous lui septente Rois, lesquels lui rendent obéissance & hommage quand ils vont parmi ses pays. Il fait porter devant lui une Croix de bois, & quand il veut aller en bataille il en fait porter deux, dont l'une est d'or, & l'autre de pierres précieuses. En cette terre est le corps de S. Thomas Apôtre de Jesus-Christ.

*La quatriéme Nation des Jacobites.*

MAintenant nous parlerons de la Nation des Jacobites, lesquels furent dit de Jacques l'Heretique , Disciple du Patriarche Alexandre. Ces Jacobites ont occupé & pris une grande partie de l'Asie à la partie Orientale, & la Terre de Marbre qui est prés d'Egypte, & la Terre des Etiopiens jusques aux Indes a plus de vingt Royaume. Les en-

fans d'icelui pays font circoncis & font Baptifez d'un fer chaud , car on leur imprime l
caractere de la croix au front & autres parties du corps, comme au bras & en la poitrine
ils fe confeffent à Dieu feulement & non pas aux Prêtres. En cette Province les Indoi
& Agenoriens difent que Jefus-Chrift n'a feulement que nature divine. Aucuns d'entr'eu
parlent le langage Calde , les autres d'Arable & plufieurs qui parlent autres langage
felon la diverfité des Nations, ils furent condamnez au Concile des Calidoniens.

### *La cinquiéme Nation des Neftoriens.*

DE Neftorius heretique,qui fut de Conftantinople a été fait ce nom Neftorius , ledi
Neftorius met en Jefus-Chrift deux perfonnes,une divine & l'autre humaine & nien
la Vierge Marie être Mere de Dieu; mais ils difent Nôtre Seigneur Jefus être homme
ils parlent la langue de Caldée & facrifient le Corps de Notre Seigneur Jefus-Chrift d
pain levé, ils habitent en Tartarie & en Judée la grande,ils font en grand nombre & leu
pays tient comme Halemagne & Italie , les heretiques furent condamnez au Concile d
Phène, & furent diverfez de l'Eglife Romaine , & font demeurant en leur pertinacité

### *La fixiéme Nation des Maroniens.*

RObofte eft la Nation des Maroniens , dit d'un Heretique de Notons, iceux metter
en Jefus-Chrift un entendement & une volonté, ils habitent en Libie en la Provin
ce de Phentée, & font un grand nombre , ils ufent d'arcs & de fléches , ils ont de
cloches, leurs Evêques ont Anneaux ,Mittres & Croces comme les Latins. Ils ufer
en l'Ecriture divine de lettres Caldeique , & en l'Ecriture vulgaire de lettres Arabique
Ils ont été fous l'obéiffance & fervitude de l'Eglife Romaine , leur Patriarche étoit a
Concile general de faint Jean de Latran célébré à Rome fous le Pape Innocent III. mai
depuis fons retournez à l'obéiffance de l'Eglife Romaine , & depuis font retournez
leurs fauffes & mauvaife opinion au Concile de Calcedoine.

### *La feptiéme Nation des Armeniens.*

ON dit que cette Nation des Armeniens eft prés d'Aprioche , ils ufent d'un langag
en la fainte Ecriture & au fervice de l'Eglife, comme qui chanteroit à l'Eglife e
François,& s'entendent les hommes & femmes tous. Ils ont leur primat qu'ils appeller
Catholique, auquel ils ont dévotion & reverence , ils jeûnent le Carême & ne manger
point de poiffon & ne boivent point de vin , & mangent chair le Samedy.

### *La huitiéme Nation des Georgiens*

VOus devez fçavoir que cette Nation eft dite Georgiens, de faint Gregoire duqu
ils portent l'Image en battaille , en font leur Patron , ils font aux parties Orienta
les. C'eft un peuple qui eft fort délicieux demi Perfiens & demi Affiriens. Ils parler
laid & fot langage, ils ont les Sacremens des Gregeois. Les Prêtres ont leurs couronn
rondes & rafées en la tête, & les Cleres non Prêtres les ont carrées, quand ils vont a
faint Sepulchre de Notre Seigneur , ils ne payent point de tribut aux Sarrazins. Ils e
trent en Jerufalem leurs Etandards déployé, pource que lefdits Sarrazins les craignen
Les femmes ufent d'armures comme les hommes, & quand ils recrivent au Soudain i
continent ce qu'ils demandent leur eft octroyé.

### *La neuviéme Nation des Syriens.*

J'Ay trouvé que la Nation des Syriens a pris le nom d'une Cité nommée Syrie , f
laquelle eft la plus éminente entre toutes les autres du pays de Syrie . Ces gens po
la langue vulgaire ils parlent Sarrazins , & leurs écritures & offices de la Meffes eft
Grec. Ils ont Evêques & gardent les Conftitutions des Grecs & leurs obéiffent en tout
chofes : ils facrifient du pain levé & ont leurs opinion des Grecs comme les Latins. Il y

des Chrétiens en la Terre Sainte qui les suivent , & font appellez Samaritains , qui furent convertis au tems des Apôtres , mais ils ne font pas trop bons Chrétiens.

### La dixiéme Nation des Morabins.

SI ferons fin des Morabins , lesquels étoient beaucoup le tems passé en Affrique & en Espagne, mais maintenant ils font peu. Ils font dits Morabins. parce qu'en plusieurs choses ils loüoient les modes des Chrétiens étant en Arabie , ils usent de ce langage Latin & font l'Office divine & choses sacrées, & obéissent à l'Eglise de Rome & aux Prélats des Latins. Ils se confessent en langage Animontenne ou en Latin. Ils font different aux Latins , pource qu'en leurs divines Offices ils ont leurs heures trop longues , & pource que le jour est divisé en vingt-quatre heures de jour & de nuit , & autant ont-ils d'Office, comme heures , Pseaumes , Hymnes & toutes autres Oraisons font longues, lesquelles ne disent pas selon la coûtume des Latins, car ce que les Latins disent au commencement ils le disent à la fin ou au milieu.

Aucuns divisent le Saint Sacrement en sept parties , & les autres en dix : C'est une Nation trés-devote, nuls ne se marient s'ils ne font natifs de leurs terres & pays : les Etrangers ne font pas reçûs en mariage , & quand l'homme perd sa femme par mort, jamais ne se remarira , mais vit en chasteté. La cause de cette division entre les Chrétiens fut pource qu'au tems passé les Chrétiens furent contrains & empêchez de ne point celebrer de Concile generale à cette cause se font élevez aucuns Heretiques en divers lieux, car il n'étoit nul qui y mît remede.

### Les debâts des gens d'Armes & d'une Femme contre un Limaſſon.

#### La Femme de hardy courage.

Vite de ce lieu trés-orde bête,
Qui des Vignes les Bourgeons mange,
Soit arbres ou soit buissons
Tu as mangé jusques aux branches ,
De ma quenoüille si tu avance ,
Je te donnerai telle horion ,
Qu'on l'entendra d'icy à Nantes.

#### Les gens d'Armes.

Limasson pour tes grandes cornes ,
Le Château ne lairront d'assaillir,
Et si pouvons te feront fuïr
Oncques Lombard ne te mangea?
A telle sauce que nous ferons ,
Nous te mettrons en un haut plat ,
Au poivre noire & aux oignons,
Serre tes cornes nous te prions ,

Et nous laisse entrer dedans ,
Autrement nous t'assodrons ,
De nos bâtons qui feront tranchans.

#### Le Limaſſon.

Je suis de terrible façon ,
Et si je ne suis qu'un Limasson ,
Ma maison porte sur mon dos ,
Et si je ne suis de chair ni d'os ,
J'ai deux cornes dessus ma tête ,
Comme un bœuf qui est grosse bête,
De ma maison je suis armé ,
Et de mes cornes embâtonné ,
Si ces gens d'armes là m'approchent ,
Ils auront sur leurs caboches
Mais je pense en bonne foy ,
Qu'ils tremblent de grand peur de moi.

# PERMISSION DU ROY.

LOUIS par la grace de Dieu Roi de Frace & de Navarre : à nos amez & féaux Conseillers les Gens tenant nos Cours de Parlemens, Maîtres des Requêtes ordinaire de notre Hôtel, Grand Conseil ; Prevòt de Paris, Baillifs, Sénéchaux, leurs Lieutenans Civils, & autres nos Justitiers qu'il appartiendra : Salut, notre bien amé Pierre Garnier, Imprimeur & Libraire à Troyes, nous ayant fait suplier de lui accorder nos Lettres de permission pour l'Impression de plusieurs petits Livres intitulez ; *La grande Danse Macabre, Gallien Restauré, Melusine, le Calendrier des Bergers, la Grande Bible de Noels, le Maréchal Expert, le Secretaire François, la Ville de Paris, l'Ortographe Françoise, les trois Maries, Martyr de Sainte Reine, Saint Alexis, la Vie de Ste. Anne, Trésor Dévôt, Pensée Chrétienne, le Miroir de Confession, Pensez-y-bien, Prieres du bon Chrétien, Cantiques Spirituels, Histoire de la Vie & du Purgatoire de S. Patrice* ; Nous lui avons permis & permettons par ces Presentes d'Imprimer ou faire imprimer lesdit livres cy-dessus specifiez en un ou plusieurs volumes conjointement ou séparément, en tels forme, marge, Caractere, & aurant de fois que bon lui semblera & de les vendre faire vendre & débiter par tout notre Royaume pendant le tems de trois années consecutives, à compter du jour de la datte desdites presentes ; Faisons défenses à tous Imprimeurs-Libraires & autres Personnes de quelque qualite & condition quelles soient d'en introduire d'impression étrangere dans aucun lieu de notre obéissance : A la charge que ces Presentes seront enregistrée tout au long sur le Registre de la Commenauté des Librares & Imprimeurs de Paris, dans trois mois de la datte d'icelles : Que l'Impression de ces Livres sera faite dans notre Royaume & non ailleurs, en bon papier & beaux caracteres conformément aux Reglemens de la Librairie ; & qu'avant que de les exposer en vente les Manuscrits ou Imprimez qui auront servi de Copie à l'Impression desdit Livres seront remis dans le même état où les Approbations y auront été donnée és mains de notre trés-cher & féal Chevalier Garde des Sceaux de Frnce, le sieur Chauvelin, & qu'il en sera remis deux Exemplaires de chacun dans notre Bibliotheque publique, un dans celle de notre Château du Louvre, & un dans celle de notredit trés-cher & féal Chevalier Garde des Sceaux de France le Sieur Chauvelin ; le tout à peine de nullité des Présentes, du contenu desquelles vous mandons & enjoignons de faire jouir l'Exposant ou ses ayans causes pleinement & paisiblement sans souffrir qu'il leur soit fait aucun trouble ou empêchement : Voulons qu'à la Copie desdites Présentes, qui sera imprimée tout au long au commencement ou à la fin desdits Livres, foi soit ajoutée comme à l'Original : Commandons au premier Huissier ou Sergent de faire pour l'execution d'icelles tous Actes requis & necessaires sans demander autre permission, & nonobstant clameur de Haro, Chartres Normande, & Lettres à ce contraire : Car tel est notre plaisir. Donné à Paris le sixiéme jour du mois de May, l'an de grace mil sept cens vingt-huit. Et de notre regne le treiziéme.

Par le Roi en son Conseil.

*signé*, NOBLET.

*Registré sur le Registre VII de la Chambre Royale des Libraires & Imprimeurs de Paris No. 124. fol. III. conformément aux Anciens Réglemens confirmés par celui de 28. Fevrier. 1723. A Paris le 21 May 1728.*

*signé*, COIGNARD, *Syndic*.